领域驱动设计精粹

Domain-Driven Design Distilled

【美】Vaughn Vernon 著

覃宇 笪磊 译

電子工業出版社
Publishing House of Electronics Industry
北京•BEIJING

内 容 简 介

领域驱动设计（DDD）是时下软件设计领域中的热门话题，它通过指导我们构建领域模型，来表达丰富的软件功能需求，并由此实现可以满足用户真正需要的软件。然而在实践过程中，由于不同的角色对于DDD的核心概念和主要工具的理解不同，常常会造成协作上的不一致。为了帮助和指导面向对象的开发人员、系统分析人员和设计人员更加合理地组织工作，各有侧重、有条不紊地进行复杂系统的开发，并有效地建立丰富而实用的领域模型，本书的作者Vaughn Vernon将自己近年来在领域驱动设计领域的理解进一步提炼，并将本书以精粹的形式呈现给广大的读者。

本书的内容包括：DDD对于广大读者的意义、从战略层面进行设计、从战术层面进行设计，以及相关的辅助工具。

当然，仅仅通过此书的阅读无法深入地掌握领域驱动设计的精髓，无论你是什么经验水平或角色，请阅读本书并在项目中实践DDD。并在这之后，再重读此书，看看你从项目的经历中学到了什么。反复这样的循环，你将会获益匪浅。

图书在版编目（CIP）数据

领域驱动设计精粹 /（美）沃恩·弗农（Vaughn Vernon）著；覃宇，笪磊译. —北京：电子工业出版社，2018.9

书名原文：Domain-Driven Design Distilled

ISBN 978-7-121-34852-5

Ⅰ. ①领… Ⅱ. ①沃… ②覃… ③笪… Ⅲ. ①软件设计－研究 Ⅳ. ①TP311.1

中国版本图书馆 CIP 数据核字(2018)第 180961 号

责任编辑：张春雨
印　　刷：三河市华成印务有限公司
装　　订：三河市华成印务有限公司
出版发行：电子工业出版社
　　　　　北京市海淀区万寿路 173 信箱　　邮编：100036
开　　本：787×980　1/16　印张：10.25　字数：166.3 千字
版　　次：2018 年 9 月第 1 版
印　　次：2018 年 9 月第 1 次印刷
定　　价：65.00 元

凡所购买电子工业出版社图书有缺损问题，请向购买书店调换。若书店售缺，请与本社发行部联系，联系及邮购电话：（010）88254888，88258888。

质量投诉请发邮件至 zlts@phei.com.cn，盗版侵权举报请发邮件至 dbqq@phei.com.cn。

本书咨询联系方式：010-51260888-819，faq@phei.com.cn。

译者序

2003 年，Eric Evans 的《领域驱动设计》出版，第一次总结了这种软件设计和建模方法。这种方法让团队在质疑中发展出对复杂问题的统一认识，再利用战略设计和战术设计的各种手段，如同庖丁解牛般地分解并映射成各种构造块，最后信手拈来地运用各种设计模式将这些构造块一一化解。领域驱动设计在国外的技术社区一直是受到热捧、不断演化的软件设计方法。在 Eric 的著作面世十年之后，另一位 DDD 社区的领军人物 Vaughn Vernon 撰写了《实现领域驱动设计》。在这本著作中，Vaughn 用一个连贯完整的实例，将领域驱动设计的所有概念和模式串连在一起，并将这些内容落地到了实例的代码之中。另外，他还在这部著作中总结了这十年来 DDD 社区涌现的一些新的架构风格和模式，如事件溯源和 CQRS、REST 风格的架构、事件驱动的架构、六边形架构，等等。

但这十几年间，在国内技术社区，领域驱动设计却像被遗忘在角落的宝藏等待着人们去发掘。当越来越复杂的业务场景开始频繁涌现，当工程实践和基础设施发展成熟，我们重新将视线汇聚在如何达成有效设计、将复杂的业务分而治之，我们发现这种设计方法仿佛早就看透了一切。当宝藏上的灰尘被拂去，领域驱动设计再次发出璀璨夺目的光芒，为我们指明应对软件系统复杂性的前进方向。

重新焕发青春活力的领域驱动设计得到了许多新的团队和架构师的青睐。他们首先就会去阅读这两部略微晦涩的著作，期望能快速地学习和掌握这种方法，但很快就会发现这并不轻松。首先，这两部著作要求读者具备一定的软件开发技术背景。在领域驱动设计的实践中，业务领域的专家在团队中扮演关键角色，他们往往没有软件开发的技术背景。两位软件巨匠在著作中详细阐述技术概念和实现代码时并没有照顾他们的感受。其次，这两部著作缺少对实际项目建模过程的描写。我们读到的内容多是概念的阐述和与之对应的实例及代码，对于建模实操的过程和工具着墨不多。而这些 Magic Move 却是很多团队实施领域驱动设计时迫切需要指导的关键步骤。最后，两部著作的内容包罗万象，读者容易被繁杂的知识淹没。两部著作中的一些概念和模式（如值对象、实体、工厂和仓储）早已深入人心。而另一部分模式和架构（如事件溯源和 CQRS）则要求架构经验尚浅的读者通过项目实践或扩展阅读才能深入理解。

作为《实现领域驱动设计》一书的作者，Vaughn 也意识到了这些问题，因此编写了这本“精粹版”。他将领域驱动设计的知识进行了提炼，保留了子域、限界上下文、上下文映射、聚合、领域事件这些核心概念，分别用一个章节进行了阐述。在最后一章，作者将他过去在一些团队中实践领域驱动设计时行之有效的具体操作方法（如风靡 DDD 社区的事件风暴工作坊）和工具进行了总结。本书的内容更侧重于高层次的战略设计，关于战术设计的内容偏少，尤其是代码在内容中的比重极低，完全不影响非技术背景的读者阅读。如果你想开始在团队中尝试领域驱动设计，对于团队（包括业务领域的专家）来说，本书的内容可以作为指导手册，让他们快速地进入状态，达到可以参与事件风暴工作坊的要求。我们建议读者们在阅读本书之后亲自组织并实施一次事件风暴工作坊，这是作者推荐的融合视觉、听觉和触觉三种学习方式的“知识获取”实践，是威力无穷的领域建模形式。在开发团队完成建模并最终需要落实到代码时，读者可以将本书作为“武林秘籍”的目录，结合前两部著作和本书参考文献中引用的其他专著一起阅读。

本书中，作者毫不掩饰地表达了对一些架构模式和具体实践的偏好。这些特色鲜明的观点之中，有些符合社区的普遍认知，如事件驱动的响应式架构、单元测试、事件风暴；有些却是对争议性话题的个人理解，如作者对于建模设计的工作量估算的看法。我们要牢记一点，没有“银弹”可以精确地匹配我们的产品和团队，或者完美地解决我们要面对的问题。任何工具和实践都有约束条件。读者们在采用这些工具和实践时，不妨仔细思考作者运用它们的上下文及其体现出的原则，结合自己的实际情况对工具和实践进行持续改进，避免出现教条主义错误。

我和同事笪磊结对完成了对本书的翻译。我们一人擅长技术，一人则擅长管理，翻译的过程也是我们默契配合、实践“发展通用语言”的“知识获取”过程。我们也将个人对关键内容的理解补充记录在译注中。我们力求翻译内容的准确和译注的质量，但受限于个人经验和知识水平，难免出现偏差甚至错误，还请各位读者斧正。

本书翻译工作于2017年末启动，两个月后初稿完成并进入了审校阶段。这期间正值农历戊戌年春节，我们的投入离不开家人们的理解和支持，谢谢她们。我们还要感谢提出宝贵意见的审校者：肖然、刘传湘、王威、朱傲、黄雨清、王林波。他们过去几年都活跃在国内 DDD 社区，也帮助过许多团队运用领域驱动设计方法和事件风暴工作坊来实施架构设计和系统改造。他们过硬的理论知识和丰富的实践经验让本书的翻译增色不少。最后，我们还要感谢专业和严谨的编辑张春雨和刘佳禾，本书也凝聚着你们的心血。

覃宇

2018年7月

序

为什么建模是一件既有趣又回报诸多的事情？从孩童时起，我就喜欢上了构建模型。那时我搭建最多的是汽车和飞机。当时我并不知道乐高玩具的存在。不过，从我的儿子很小的时候起，乐高就一直伴随着他的成长。用这些乐高积木构思和搭建模型是如此令人着迷。构建一个基础模型非常简单，几乎可以无止境地发挥想象力。

你也许也会联想到某些新潮的建筑模型。

模型在我们生活中无处不在。如果你喜欢玩桌游，你正是在使用模型。这里的模型可能是房产和业主，或是岛屿和幸存者，抑或是领地和建设活动，等等。同样，视频游戏也藏匿了多个模型。这些模型也许塑造了一个奇幻世界，那里充满了奇特的人物，他们扮演着梦幻般的角色。而扑克牌或者与之相关的游戏则是体现着竞技的模型。模型就是生活的一部分。人们总是在使用模型，虽然往往并不会承认。

为何如此？因为人人皆有各自的学习方式。虽然学习方式有很多种，但讨论最多的三种方式是听觉、视觉和触觉。听觉学习者通过声音和聆听来学习。视觉学习者通过阅读和浏览影像来学习。触觉学习者通过触摸的行为来学习。有趣的是，每个人都会热衷于某种学习方式，以至于有时会在其他学习方式上遇到麻烦。例如，触觉学习者能记住他们所做过的事情，但可能会忘记过程中所听见的内容。建模的过程主要会涉及视觉和触觉的刺激，因此你可能会认为视觉和触觉学习者比听觉学习者更具有优势。然而，事实并非总是如此，尤其当一组建模者在构建的过程中使用有声沟通时。换句话说，模型的构建过程应该适用于大多数人的学习方式。

从建模中学习的能力是人类与生俱来的，为何不利用它去构建已经给生活带来巨大帮助和影响的软件模型呢？事实上，软件模型需要人类去实现，也应该由人类去完成。我认为，人类本应该是优秀的软件模型构建者。

我强烈期望能够帮助你使用最好的建模工具来实现软件。这些工具已被打包成“领域驱动设计”工具箱，或称之为“DDD”工具箱。该工具箱实际上是一套模式，在 Eric Evans 所著的《领域驱动设计：软件核心复杂性应对之道》[DDD]一书中首次提出。我期望将 DDD 带给每一个人。如果必须表达我的观点，我想说的是，让我把 DDD 介绍给大家吧！DDD 也本该如此，它是面向模型设计的人们用于构建卓越软件模型的工具箱。本书中，我会尽可能地简化 DDD 的学习和使用，并将其带给每一位读者。

对于听觉学习者而言，DDD 通过团队的沟通来构建基于通用语言的开发模型，并以此创造学习的契机。对于视觉和触觉学习者来说，在团队进行战略和战术建模时使用 DDD，其过程高度视觉化并非常注重实操。绘制上下文映射图[1]并使用事件风暴构建业务流程时尤为如此。因此，我相信 DDD 可以帮助到每一位期待通过模型构建来学习并且希望获得伟大成就的人。

本书所面向的读者[2]

本书适用于对快速学习 DDD 核心概念和主要工具感兴趣的人。最主要的读者是软件架构师和开发者，他们将在项目中实践 DDD。通常，软件开发者会很快发现 DDD 的美妙之处，并被其强大的工具深深地吸引。尽管如此，本书也可以帮助高管、领域专家、经理人、业务分析师、信息架构师和测试人员理解这一主题。并非只有那些从事信息技术（IT）

1 Context Map，另有一种常见的译法：上下文地图。此处采用了作者另一本著作《实现领域驱动设计》[IDDD]中的译法：上下文映射图，更好地和上下文映射（Context Mapping）呼应。——译注

2 本书以 DDD 所涵盖的特定概念与工具，期望在产品设计和研发过程所涉及的各类干系人之间搭建一座有效沟通的桥梁，并以此加深人员之间的交互与协作，从而使得最佳的产品设计得以实现。——译注

行业和研发（R&D）行业的从业者才能从书中获益。

如果你是一位顾问，并且正在推荐你的客户使用 DDD，那么请将本书提供给主要负责人，这会帮他们快速地理解 DDD。如果你团队中的初级、中级甚至资深开发人员需要尽快在项目上采用 DDD，但对其并不熟悉，请让他们阅读此书。本书至少可以让所有的项目负责人和开发人员熟悉 DDD 词汇表，并了解即将使用的主要工具，这将使他们能在项目推进过程中不断地分享一些有意义的内容。

无论你处于什么样的经验水平或担任什么样的职务，请阅读本书并在项目中实践 DDD。之后再重读此书，看看你从项目中学到了什么，以及将来如何进一步改进。

本书的内容

第 1 章解释了 DDD 能为你和你所在的组织带来什么，并详尽地说明了你将学到什么，以及 DDD 为何如此重要。

第 2 章介绍了 DDD 的战略设计，并教授了 DDD 的重要概念：限界上下文与通用语言。第 3 章解释了子域，以及在新应用建模时如何使用子域应对新应用与现有遗留系统集成的复杂性。第 4 章教授了团队在战略层面上的各种协作方式，以及软件的集成方式，即所谓的上下文映射。

第 5 章将注意力转移到了使用聚合进行战术建模中。领域事件是一个与聚合共同使用的重要而又强大的战术建模工具，它是第 6 章的主题——运用领域事件进行战术设计。

最后，第 7 章会着重介绍一些加速设计和管理项目的工具，它们可以帮助团队建立并保持研发节奏。以上的两个话题很少在其他 DDD 书籍中讨论，但确实是那些决心将 DDD 付诸实践的人所迫切需要的。

行文惯例

请在阅读中注意几点行文惯例。所有讨论的 DDD 工具都会用楷体字表示。例如，你将会看到以楷体印刷的限界上下文和领域事件。另外所有的源代码将会用等宽字体印刷。本书正文章节中出现在方括号内的首字母缩写代表相关的书籍和文献，它们都列在本书末尾的参考文献中。

除此之外，本书重点强调的，也是读者最为喜欢的部分是，通过大量图表和插图进行的视觉学习方式。本书中所有插图都没有任何数字编号，这是因为我不想让太多的数字分散你的注意力。每个案例的图表和插图都会位于对其讨论的正文之前，这也意味着当你阅读本书时，这些视觉图形将首先引发你的思考[1]。而当阅读正文时，你也可以反过来参考之前的插图和图表。

读者服务

轻松注册成为博文视点社区用户（www.broadview.com.cn），扫码直达本书页面。

- ◎ **提交勘误**：您对书中内容的修改意见可在 提交勘误 处提交，若被采纳，将获赠博文视点社区积分（在您购买电子书时，积分可用来抵扣相应金额）。
- ◎ **交流互动**：在页面下方 读者评论 处留下您的疑问或观点，与我们和其他读者一同学习交流。

页面入口：http://www.broadview.com.cn/34852

1 这些视觉图形借助了极其精简的 UML 类图来表达概念，读者即便没有任何 UML 背景知识也很容易理解图形的含义。这些矩形类图可以写成一张张便利贴，读者可以拿着它们站在白板前进行讨论。把它们粘到白板上的任意位置，用马克笔画出圆圈把相关概念圈在一起，或是画出线段连接它们。在这个过程中你们会通过语言大声地交流。这是我们在敏捷实践中经过验证的最高效的协作形式，是视觉、听觉和触觉三种学习方式的完美结合。本书第 7 章将要介绍的事件风暴就是如此。——译注

致谢

这是我和 Addison-Wesley 合作出版的第三本书，同样也是我与编辑 Chris Guzikowski 和 Chris Zahn 的第三次合作。对我而言，这一次和前两次一样令人兴奋。再一次感谢各位选择将我的书籍出版。

与以往一样，本书的顺利完成与出版离不开专家的审阅及反馈。这一次，我将目光转向了那些不需要教授或为 DDD 著书的实干家们，但他们仍然奋斗在项目一线，并帮助其他人使用强大的 DDD 工具箱。我认为，也只有他们这样的实干家才可以确保极度精练的材料以正确的方式精确地表述了必要的内容。这就有点像，如果你希望我做一次 60 分钟的演讲，只需要给我 5 分钟时间去准备；而如果是 5 分钟的演讲，我则需要几个小时来准备。

以下都是给予我莫大帮助的人们（按字母排序）：Jérémie Chassaing、Brian Dunlap、Yuji Kiriki、Tom Stockton、Tormod J. Varhaugvik、Daniel Westheide 和 Philip Windley。非常感谢他们！

关于作者

Vaughn Vernon 是一位经验丰富的软件工匠，也是追求简化软件设计和实现的思想领袖。他是畅销书《实现领域驱动设计》和《响应式架构：消息模式 Actor 实现与 Scala、Akka 应用集成》的作者，这些书也同样由 Addison-Wesley 出版发行。他在全球面向数百位开发者教授过 IDDD 课程，并经常在行业会议上发表演讲。他对分布式计算、消息机制，特别是 Actor 模型非常有兴趣。Vaughn 擅长领域驱动设计和使用 Scala、Akka 实现 DDD 方面的咨询。你可以通过 www.VaughnVernon.co 查看他的最新研究成果，或者关注他的 Twitter: @VaughnVernon。

目录

第 1 章　DDD 对我而言 1

DDD 很难掌握吗 2

优秀设计、糟糕设计和有效设计 3

战略设计 8

战术设计 9

学习过程与知识提炼 10

让我们开始吧! 11

第 2 章　运用限界上下文与通用语言进行战略设计 13

领域专家和业务驱动 20

案例分析 24

战略设计是必要的根基 28

在质疑中统一 32

发展通用语言 38

应用场景 42

如何持续 45

架构 46

本章小结 50

第 3 章　运用子域进行战略设计 51
什么是子域 52
子域类型 53
应对复杂性 54
本章小结 56
第 4 章　运用上下文映射进行战略设计 57
映射的种类 60
合作关系 60
共享内核 61
客户—供应商 62
跟随者 63
防腐层 64
开放主机服务 65
已发布语言 65
各行其道 66
大泥球 67
善用上下文映射 69
基于 SOAP 的 RPC 70
RESTful HTTP 72
消息机制 74
上下文映射示例 79
本章小结 83
第 5 章　运用聚合进行战术设计 85
为什么使用它 86
聚合的经验法则 91
规则一：在聚合边界内保护业务规则不变性 92

规则二：聚合要设计得小巧 93
规则三：只能通过标识符引用其他聚合 95
规则四：利用最终一致性更新其他聚合 96
建立聚合模型 99
慎重选择抽象级别 104
大小适中的聚合 106
可测试的单元 108
本章小结 108
第 6 章 运用领域事件进行战术设计 111
设计、实现并运用领域事件 113
事件溯源 119
本章小结 121
第 7 章 加速和管理工具 123
事件风暴 124
其他工具 134
在敏捷项目中管理 DDD 135
运用 SWOT 分析法 137
建模 Spike 和建模债务 139
任务识别与工作量估算 140
限制建模时间 143
如何实施 144
和领域专家打交道 145
本章小结 147
参考文献 148

第1章 DDD对我而言

如果你希望打磨软件匠艺并提高项目的成功率，如果你迫切期望创造软件来帮助企业把业务竞争力提升到新高度，如果你期望实现出来的软件既能正确地对业务需求建模又可以采用最先进的软件架构进行扩展，那么就来学习并掌握领域驱动设计（DDD）吧。它可以帮你实现这些目标并带来更多收获。

DDD 同时提供了战略和战术上的建模工具，来帮助你设计和实现高价值的软件。你的组织无法在所有方面都出类拔萃，所以最好谨慎地识别其真正的优势所在。DDD 的战略设计工具可以帮助你和你的团队做出最有竞争力的软件设计选择和业务整合决策。你的组织将从这些明确反映其核心业务竞争力的软件模型中获得最大的收益。DDD 的战术实施工具可以帮助你和你的团队设计出实用的软件，它能对业务独一无二的运作方式进行精准地建模。你的组织可以有更多的选择，把解决方案部署到各种不同的基础设施中，不管这些基础设施是位于企业内部还是在公有云上，你的组织都会受益匪浅。借助 DDD，你的团队可以在当今竞争激烈的商业环境中持续地交付最有效的软件设计与实现。

本书提炼了 DDD 的精华，内容包括了浓缩的战略和战术建模工具。我能理解软件开发过程的中出现的种种独特诉求，也对你在快节奏的行业中磨炼技艺时面临的种种挑战感同身受。你无法花费数月时间学习一门像 DDD 这样的课程，然而你却盼望着尽早在日常工作中运用这一技艺。

我不仅是畅销书《实现领域驱动设计》[IDDD]的作者，也曾创办并教授为期三天的 IDDD 工作坊课程。如今，本书将以浓缩的形式为大家呈现 DDD 的精华。我将致力于让所有的开发团队都能用上 DDD。当然，你也应当在其中。

DDD 很难掌握吗

你或许听说 DDD 是一种难以理解的软件开发方法。但事实并非如此。事实上 DDD 是在复杂的软件工程项目中引入的一系列先进的技术。在没有专家指导的情况下，单靠自己来实践 DDD 会令人望而却步，这是它的威力和使用者的掌握程度使然。你或许已经发现，许多 DDD 书籍的篇幅长达数百页，消化并运用书中知识远非易事。正如在另一本《实现领域驱动设计》[IDDD]中，我也同样花费大量篇幅详尽地介绍了 DDD 中的各种主题和工具。而这本全新的精简版可以快速简单地让你通晓 DDD 中最为重要的部分。为什么需要这本书？正是因为有些人对长篇累牍的文字无所适从，他们需要借助一本精简的指导手册来迈出第一步。我发现 DDD 的实践者们会经常需要翻阅相关文献。事实上，你的感受就是学无止境。在不断磨炼 DDD 技艺的过程中，可以把本书作为快速参考并可从其他相关书籍获取更多细节。这本书也能帮助另外那些苦于将 DDD 的理念推销给同事和管理层的人。这是因为书中不仅以简明的形式解读了 DDD，而且也展示了使用 DDD 时的加速和管理工具。

当然，本书并不能让你完全了解 DDD 的每一处细节，因为我在书中刻意提炼了 DDD 的精华。如果期望更加深入地了解 DDD，可以进一步阅读《实现领域驱动设计》[IDDD]，同时也可以参加由我主持的 IDDD 工作坊。这门为期三天的高强度课程，我已经在全球教授了数百位开发者学员，它会帮助你迅速熟悉 DDD。

好消息是，掌握 DDD 不算太难。如果你已经可以在项目中应对软件项目的复杂性，那么你可以通过学习使用 DDD 来减轻战胜复杂性所要承受的痛苦。

优秀设计、糟糕设计和有效设计

人们经常谈论优秀设计和糟糕设计。你的设计属于哪一种？有很多软件开发团队的设计从来经不起思考。他们采用一种我称之为“任务板挪卡”[1]的方法来代替设计。团队有一个开发任务清单，比如 Scrum[2]产品待办列表，其中的任务被张贴在“任务板”上，然后他们可以将一张便利贴从“任务板”上的“待办”泳道移动到“进行中”泳道，这就是“任务板挪卡”。产品经理提出待办项（任务），然后来一次“任务板挪卡”，这便构成了关于设计的全部“真知灼见”，剩下的就交给程序员大神们去疯狂输出代码。很少有团队会这样做，如果真的这样做了，业务就会为这些不存在的设计付出最高昂的代价。

这种情况常常是因为团队必须按照苛刻得近乎残忍的时间表去发布软件，管理层只会使用 Scrum 控制交付节奏，却对它最重要的信条之一：*知识获取*[3]（*Knowledge Acquisition*），视而不见。

在我独立进行咨询和培训的经历中，经常会遇到相同的情境。软件项目如履薄冰，所有团队成员都在努力地维护着系统稳定，每天面对着代码和数据打补丁。以下是我发现的一些潜在问题，有趣的是，DDD 可以帮助团队轻而易举地避免其中的一部分问题。我先从高层次的业务问题开始，然后再讨论技术相关的问题：

- 软件开发被视为成本中心而非利润中心。这通常是因为从业务的视角来看计算机

---

1 “任务板挪卡”是一种交接棒的协作模式。产品负责人在待办项列表中创建新的待办项，并更新列表中待办项的优先级。开发团队会依据优先级选取待办项，按照产品负责人的文档等需求描述完成相应的研发活动。上述过程中，业务人员与开发人员之间通过交互协作产生设计，这个动作很容易被忽略。优秀设计和有效设计并非由产品负责人或某个团队成员独立完成，而是通过他们之间不断的协作与交互，并在充分的知识获取后形成的。熟悉 Scrum 的读者会发现，Scrum 中的需求梳理与迭代计划会议一定程度上发挥了此类作用。但要注意，协作设计并非只局限在固定的会议中，也提倡在必要时随时随地进行。请参考《Scrum 精髓》[Essential Scrum]获取更多的内容。——译注

2 Scrum 是一种用于开发创新产品和服务的敏捷方法，请参考《Scrum 精髓》[Essential Scrum]。——译注

3 Scrum 的开发方法更加强调将软件开发作为一种不断认知学习的过程，鼓励团队成员与业务人员之间持续地通过协作来迭代交付可工作的软件，并以此快速地获取用户反馈。当然知识获取并非“免费”，所以我们期望开发团队与业务人员之间通过一系列的设计研讨，并引入高效的协作工具（如 DDD 工具箱），帮助团队更加紧密和有效地进行知识传递与分享。关于 Scrum 中的需求梳理和迭代计划的更多介绍请参考《Scrum 精髓》[Essential Scrum]。——译注

和软件技术是必要的消耗而不是战略优势的重要来源（不幸的是，在根深蒂固的商业文化下，这种观念不太可能被转变）。

- 开发人员热衷于技术并通过技术手段解决问题，而不是深入思考和设计，这会导致他们孜孜不倦地追逐技术上的新潮流。
- 过于重视数据库，大多数解决方案的讨论都是围绕数据库和数据模型，而不是业务流程和运作方式。
- 对于根据业务目标命名的对象和操作，开发人员没有给予应有的重视，这导致他们交付的软件和业务所拥有的心智模型之间产生巨大的分歧。
- 上面的问题一般是业务协作不顺畅而导致的。业务干系人常常浪费大把时间闭门造车以实现各种无人问津的需求，或者只有一小部分能被开发人员采用。
- 频繁而又要求精准的项目估算会占用大量的时间和精力，导致软件交付延期。开发人员使用“任务板挪卡”而非考虑周详的设计导致他们造出了一个个“大泥球[1]”（接下来的章节将会讨论），而不是业务驱动下恰当的分离模型。
- 开发人员在用户界面和持久层组件中构建业务逻辑。此外，开发人员也经常会在业务逻辑当中执行持久化操作。
- 数据库查询会时常出现中断、延迟、死锁等问题，阻碍用户执行时间敏感型的业务操作。
- 项目中存在错误的抽象级别，表现为开发人员试图借助过度概括的方案满足所有当下以及臆想出来的未来需求，而不是解决实际而又具体的业务诉求。
- 在紧耦合服务群中，当一个服务执行操作时，该服务直接调用另一个服务并引发一个对等操作。这种耦合会经常破坏业务流程和未达成一致的数据，更别提这样

1 A Big Ball of Mud，这个词在 Brian Foote 和 Joseph Yoder 1997 年的同名文章中第一次出现，它是指杂乱无章、错综复杂、邋遢不堪、随意拼贴的大堆代码。众所周知，大泥球并非一日而成，开发人员最头痛的是它，对其避而远之，但每天滚动着的也是它。每一位开发人员都应该时刻保持警惕，不断地通过设计和实现的优化来杜绝或延缓大泥球的形成。演进式架构就是这样一种有效的手段，通过业务领域的划分不断地进行持续设计。更多有关演进式架构的内容，请参考 Neal Ford、Rebecca Parsons 和 Patrick Kua 所著的 *Build Evolutionary Architectures* 一书。——译注

的系统会有多难维护了。

这一切都似乎发生在“设计无法带来低成本的软件[1]”的观念下。而这时常是出于商业上的简单考虑，软件开发人员并不知道还有其他更好的选择。“软件正在蚕食整个世界”[WSJ]，对你而言重要的是，软件不但可以蚕食你的利润，也可以提供一场利润盛宴。

你一定要明白，臆想出来的“不做设计能省钱”的观念简直是一个谬论，它已经巧妙地愚弄了那些不思考周详设计而只会对软件交付施压的人们。这是因为设计仍然会从每个开发人员的脑海流淌到在键盘上不断敲打着代码的指尖之中，这些设计并不需要来自其他地方的输入，包括业务。以下这句话可以很好地总结这种现象：

> 关于设计是否必要或是否负担得起的问题根本都没有问到点上：设计是不可或缺的。除了优秀设计就是糟糕设计，根本不存在“不做设计”一说。
>
> ——摘自 Douglas Martin 的 *Book Design: A Practical Introduction* 一书

尽管 Martin 先生的评论并非专门针对软件设计，但这同样适用于我们的技艺，考虑周详的设计同样无可取代。在刚才的情景中，如果一个项目由五名开发人员参与，那么“不做设计”将会产生五种不同的设计。也就是说，在没有任何真正领域专家的协助下，你开发出来的软件将会混杂着五种不同的、虚构出来的、对业务语言的诠释。

事实上：无论承认与否，我们都是在构建模型。这就好比修建道路。一些历史悠久的道路最开始是跑马车的，经过岁月的碾压最终变得年久失修。为了满足少数人的需要，它们被加入了不明所以的转弯和岔路，并被改造得迂回曲折。在某个时刻，它们会被铲平并且会被重新建设，为的是让越来越多的旅客感到舒适。这些将就凑合的道路到现在还有人

---

1 不做设计并不能节约成本，而过度设计也会造成浪费，所以我们提倡适度的设计。Martin Fowler 认为敏捷开发不是轻视设计只注重实践和重构，而是鼓励演进式的设计（Evolutionary Design）。优秀设计与有效设计是在持续的重构和迭代过程中产生的，每一次的设计优化都是从最大限度地满足客户的功能性需求和非功能性需求角度出发，以拥抱变化的心态来应对变幻莫测的需求。——译注

路过，不是因为它们设计良好，而仅仅是因为它们存在着而已。如今很少有人能够了解行走在这些道路上别扭不堪的原因。而现代道路都会依据人口、环境以及可预测的流量来规划和设计。两种类型的道路都会被建模。一种模型只是做了最基本、最简单的思考，另一种则最大程度地发挥了聪明才智。软件建模也可以从这两种角度出发。[1]

如果你担心周详的设计会带来高昂的软件开发成本，那么设想一下，将来为了维护甚至修缮一套糟糕设计的软件就需要付出更为昂贵的代价。当我们把软件作为你的公司与其他公司之间的差异，并依靠它带来可观的竞争优势时，尤其如此。

“*有效*（*Effective*）”一词和“*优秀*（*Good*）”意义相近，它能更准确地表达我们应该在软件设计中努力追求的目标：“*有效设计*”（*Effective Design*）。有效设计可以满足商业组织希望借助软件超越竞争者的诉求。它可以驱动企业去思考哪些核心业务必须成为其竞争力，还可以指引构建正确软件模型的方向。

Scurm 中的*知识获取*是通过不断的试验及协作学习完成的，这被称为“知识付费”（Essential Scrum）。知识永远都不是免费的，但在本书中，我将提供一些方法帮你更快地获取它们。

如果你对有效设计的影响仍心存疑虑，别忘了那位曾洞察其重要性的人：

> 绝大部分人错误地认为设计只关乎外观。人们只理解了表象——将这个盒子递给设计师，告诉他们：“把它变得好看一些!”这不是我们对设计的理解。设计

1 两种不同的建模方式都是从业务价值的角度出发的。对于短期项目或产品而言，它所承载的业务具有相当的时效性，这要求团队快速地实现并上线，以获取更大的商业价值。这类模型我们提倡只做最基本和最简单的思考。而对于另一类项目或产品而言，组织会将其确定为战略核心并对其长期投资。这将要求团队适度地进行有效设计，不仅要考虑到当下的交付规划，还要适当兼顾兼容性、可扩展性等未来的设计要求。这类模型则需要业务和开发人员充分地展开讨论与分析。——译注

并不仅仅是感观，设计也是产品的工作方式。[1]

——乔布斯

软件开发中，有效设计最为重要。如果只有一个选择，那么我首推有效设计。

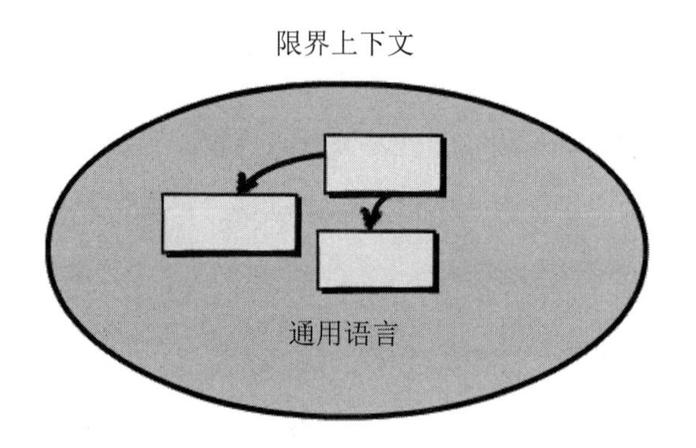

战略设计

我们先从最为重要的战略设计谈起。不以战略设计开始，战术设计将无法被有效实施。在展开具体实现细节之前，需要优先完成宏观层面的战略设计。它强调的是业务战略上的重点，如何按重要性分配工作，以及如何进行最佳整合。

首先，你需要学会运用名为限界上下文（*Bounded Context*）的战略设计模式来分离领域模型。紧接着，你会了解如何使用在明确的限界上下文中发展一套领域模型的通用语言（*Ubiquitous Language*）。

1 “设计，是让生活变得完美的艺术。”这是乔布斯的产品设计理念。对他而言，有效设计首先意味着“简洁”的产品（开箱即用）、“简洁”的战略（产品的专注）和“简洁”的沟通（高效的沟通）。其次，有效设计允许不完美。任何产品都始于不完美，只有通过不断试错与修正的迭代才可能逐步趋于完美。在软件设计中，我们也可以借鉴这些理念：有效设计是简洁而非冗余，它也需要不断地演进与优化才能趋于完美。——译注通过本书，大家将会了解到，在发展模型通用语言的过程中开发人员和领域专家的参与同样重要。也将看到团队中的软件开发人员与领域专家是如何协作的。这是一个由一群聪明而又上进的人们组成的重要组合，他们需要借助 DDD 来达成最佳效果。通过协作而产生的语言会变得统一、流行、并遍布于团队的日常口头交流和软件模型之中。

当进一步深入到战略设计中时，将会学到子域（*Subdomain*），并了解如何通过它处理遗留系统中无边界的复杂性，以及如何改进新项目上的成果。还会了解如何通过名为上下文映射（*Context Maping*）的技术来集成多个限界上下文。上下文映射图（Context map）同时定义了两个进行集成的限界上下文之间的团队间关系及技术实现方式。

战术设计

在打好战略设计的基础之后，将会发现 DDD 最为突出的莫过于战术层面的设计工具。战术设计犹如使用一把精小的画笔在领域模型上描绘着每个细枝末节。其中一个比较重要的工具被用来将若干实体和值对象以恰当的大小聚集在一起。这就是聚合（*Aggregate*）模式。

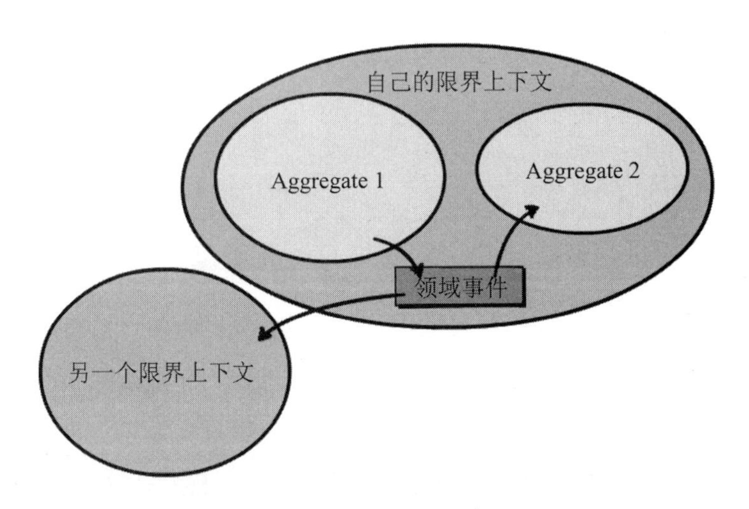

DDD 就是以最明确而又可行的方式对领域进行建模。使用领域事件（*Domain Events*）既可以让你明确地建立模型，也可把模型内部发生的事情分享给需要知道这一切的系统。这些相关的系统可能是你自己的本地限界上下文和其他的远程限界上下文。

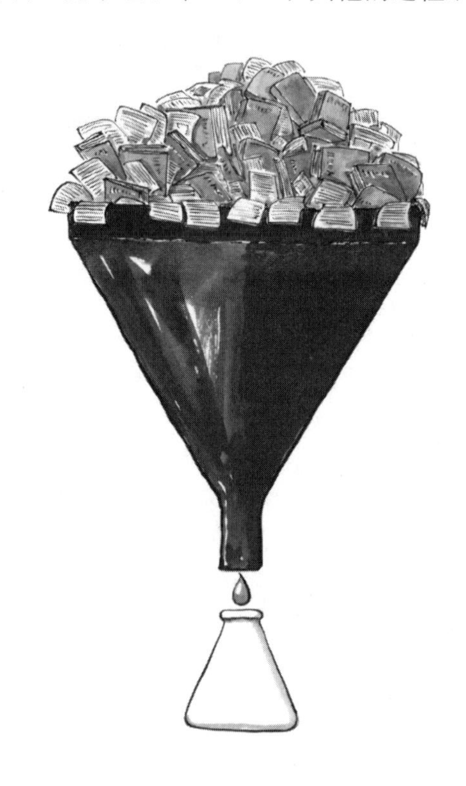

学习过程与知识提炼

DDD 为我们带来了一种全新的思维方式，这种思维方式可以帮助你和你的团队在理解业务核心竞争力的同时提炼知识。学习过程是小组讨论与试验的一系列探索。通过不断地质疑现状与挑战软件模型的假设，你可以学到更多的知识，而且这些非常重要的知识将在传播中惠及整个团队。这是业务和团队所需要付出的关键投资。我们的目标不应该只是学习和提炼，而是以尽可能快的速度学习和提炼。第 7 章中将会提供很多额外的方法和工具来帮助实现这一目标。

让我们开始吧!

即便经过了浓缩，还是会有很多 DDD 的知识需要去学习，让我们从第 2 章“运用限界上下文与通用语言进行战略设计”开始。

第2章 运用限界上下文与通用语言进行战略设计

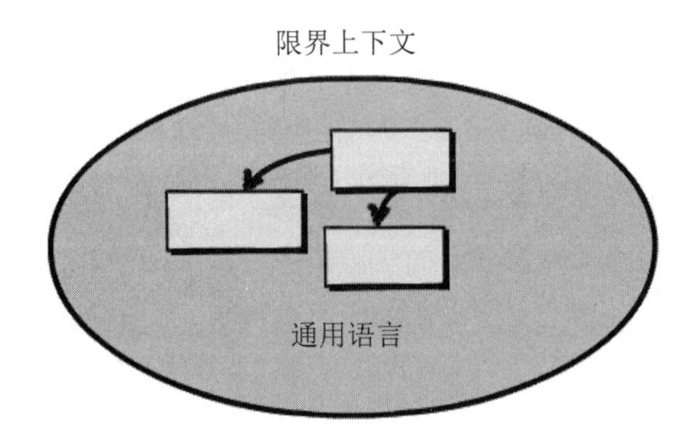

什么是限界上下文（*Bounded Context*）？什么又是通用语言（*Ubiquitous Language*）？简单地说，DDD主要关注的是如何在明确的限界上下文中创建通用语言的模型。这种说法虽然没有错，但可能不是最清晰的描述。让我进一步解释一下这些概念。

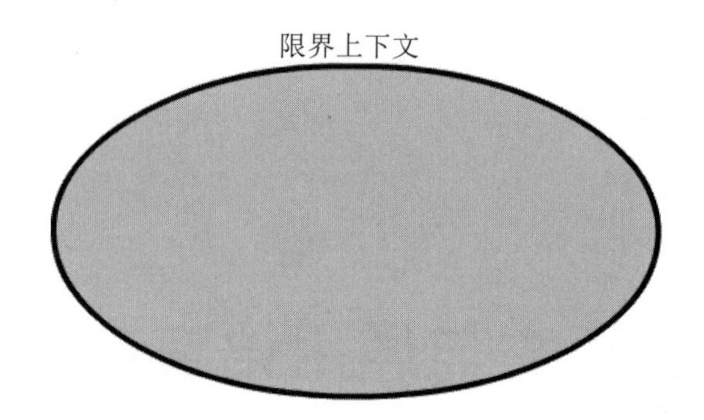

首先，限界上下文是语义和语境上的边界。这意味着边界内的每个代表软件模型的组件都有着特定的含义并处理特定的事务。限界上下文中的这些组件有特定的上下文语境和语义理据。这确实很简单。

如果刚刚开始投入到软件建模中，限界上下文多少是有些概念化的。你可以将它理解为问题空间（*Problem Space*）的一部分。然而，随着软件模型开始呈现出更深层次以及更清晰的含义时，限界上下文将会被迅速转换到解决方案空间（*Solution Space*）中，同时软件模型将通过项目的源代码来体现（下面这段文字可以更好地解释问题空间和解决方案空间）。请记住，模型是在限界上下文中实现的，你也将会为每个限界上下文开发出不同的软件。

什么是问题空间和解决方案空间？

问题空间是在给定项目的约束条件下进行高级战略分析与设计各个步骤的地方。你可以使用简单的图表来展示讨论中高级的项目驱动因素，并记录关键目标与风险。在实践中，上下文映射图可以在问题空间中工作得很好。同时还要注意，限界上下文不仅可以在需要时用于问题空间的讨论，也与你的解决方案空间密切相关。

解决方案空间就是真正实施解决方案的地方，这些解决方案在问题空间讨论中被识别为核心域（*Core Domain*）[1]。当限界上下文被当作组织的关键战略举措进行开发时，即被称为核心域。你将主要通过源代码和测试代码来实现限界上下文中的解决方案，也会在解决方案空间中编写代码，来支撑与其他限界上下文之间的集成。

限界上下文

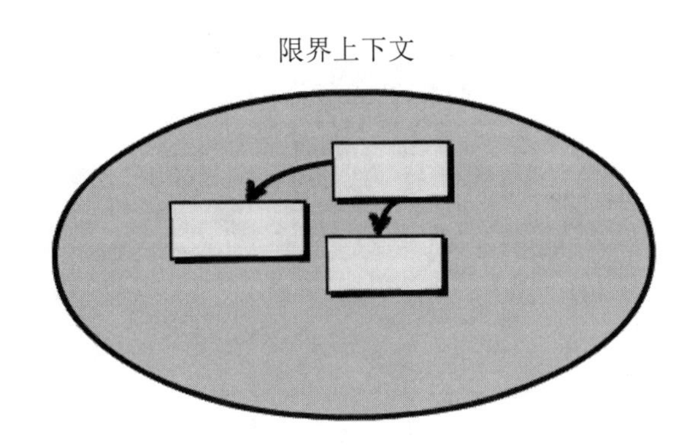

团队在限界上下文中发展了一种语言用于表达其边界内的软件模型，这一语言由在该限界上下文中开发软件模型的每个团队成员所使用。它之所以被称之为通用语言（*Ubiquitous Language*）[2]，是因为团队成员间交流用的是它，软件模型实现的也是它。因此，通用语言必须严谨、精确，并且紧凑。上图中，限界上下文中的方框所表示的概念模型可以用类来实现。当限界上下文被当作组织的关键战略举措进行开发时，即被称之为核心域。

与组织使用的所有其他软件相比，核心域是其中最重要的软件模型，因为它是组织取得巨大成就的手段。发展核心域可以使你的组织在与其他组织的竞争中脱颖而出。至少，它标明了组织的业务主航道。你的组织无法在所有领域都出类拔萃，也无须如此。因此，

1 核心域的识别是一个持续的精练过程，把一堆混杂在一起的组件分离，以某种形式提炼出最重要的内容，这种形式也将使核心域更具价值。一个严峻的现实是，我们不可能对所有的设计部分投入同等的资源进行优化，如同 MVP（Minimum Viable Product）产品原则所提倡的那样，产品研发需要聚焦在最小化可行产品上，不断获取用户反馈，并在这个最小化可行产品上持续快速迭代，从而获得一个稳定的核心产品。在有限的资源下，为了使领域模型成为最有价值的资产，我们必须有效地梳理出模型的真正核心，并完全根据这个核心来实现软件服务，这也是核心域的战略价值所在。——译注

2 在《实例化需求》[Specification]一书中译作统一语言，也是一种常见的译法。——译注

你需要做出明智的选择，哪些是核心域，而哪些不是。这是 DDD 的首要价值主张，同时你也期望通过恰当的投资把最好的资源投入到核心域中。

当团队中有人使用通用语言进行交流时，其他人都可以明白他表达的准确含义和约束条件。通用语言和开发软件模型中使用的其他语言一样，在团队中无处不在。

当你思考软件模型中的语言时，想一想组成欧洲的各个国家：整个欧洲大陆中的任何一个国家，使用的官方语言都是明确的。在这些国家的边境内，如德国、法国和意大利，官方语言是确定的。当你越过边境时，官方语言也会改变。同样的情况也适用于亚洲：被国界线分开的日本、韩国和中国都使用着自己的语言。限界上下文也是如此。在 DDD 中，通用语言就是软件模型团队日常交流时使用的语言，而软件模型的源代码就是这种语言的书面表达方式。

限界上下文、团队和源代码仓库

一个团队应该在一个限界上下文中工作。每个限界上下文应该拥有一个独立的源代码仓库。[1]一个团队可能工作在多个限界上下文中，但是多个团队不应该在同一个限界上下文中共事。我们应该采用和分离通用语言同样的方式，干净地把不同限界上下文的源代码和数据库模式隔离开。并且，将同一个限界上下文中的验收测试、单元测试和主要源代码存放在一起。

尤其重要的是，要明确一个团队只在单一的限界上下文中工作。别给其他团队留下任何机会去修改你的源代码，从而引发意外。[2]你的团队控制着源代码和数据库并定义了官方接口，必须通过这些接口才可以调用限界上下文。这是使用 DDD 所能带来的好处之一。

---

1 传统软件开发方式里，一个产品往往由多个组件团队共同开发，组件代码分别存放在不同的代码仓库，只有负责的团队拥有组件代码仓库的所有权。由于使用了这种代码仓库的划分方法，大量的集成将会发生在组件与组件之间，同时也会产生大量的跨团队的交流和代码访问。一种常见的场景是，在开发初期，新的功能往往无法集成并正常运作，更不可能完成阶段性验收，只有等到开发的后期才能获得一个可以运行的产品。而书中提及的独立代码仓库将遵循限界上下文进行划分，上下文内使用统一的通用语言进行交流，并尽可能由一个团队对领域模型进行维护。两种代码仓库的划分方式的最大区别在于，限界上下文内的领域模型往往具有独立的业务价值，可以独立地提供服务。而传统的组件式代码仓库经常会存在相互间的紧耦合关系，无法独立地提供服务。本书译者所著的《代码管理核心技术及实践》一书中也谈到了类似的案例，介绍了一个团队是如何从组件代码仓库转换到领域代码仓库的。——译注

2 这并不是绝对的。事实上，很多上下文的代码仓库是开放的，并接受其他团队提交的代码。甚至，很多独角兽企业（如 Google 和 Facebook）在代码仓库上惊人一致地选择了单一仓库（monorepo）进行代码管理，即整个组织所有的产品代码放在唯一一个超大的代码仓库中。这些代码并不是铁板一块，它依然可以被分成多个服务甚至多个产品，由多个团队独立地构建、测试和维护。单一仓库和开放仓库一样，更注重的是代码共有制带来的协作效率。代码共有制不会造成混乱，原因在于它们拥有完善的机制和工具对所有提交的代码进行准入控制和验证，而这些仓库的贡献者也对编写代码有着严格的自我要求。所以并不是要杜绝其他团队对代码仓库进行修改，而是要让这些修改可以预期且可以控制，这必须采取一些适合团队的实践和工具来实现，例如频繁交流（如结对编程）、代码走查（如 Pull Request）和自动化验证（如契约测试）等。这些实践和手段往往由上下文映射关系决定，如共享内核关系就可以采用 Pull Request 的实践，而客户—供应商关系则可以采用契约测试的实践。关于映射关系的讨论请参考本书第 4 章的内容。——译注

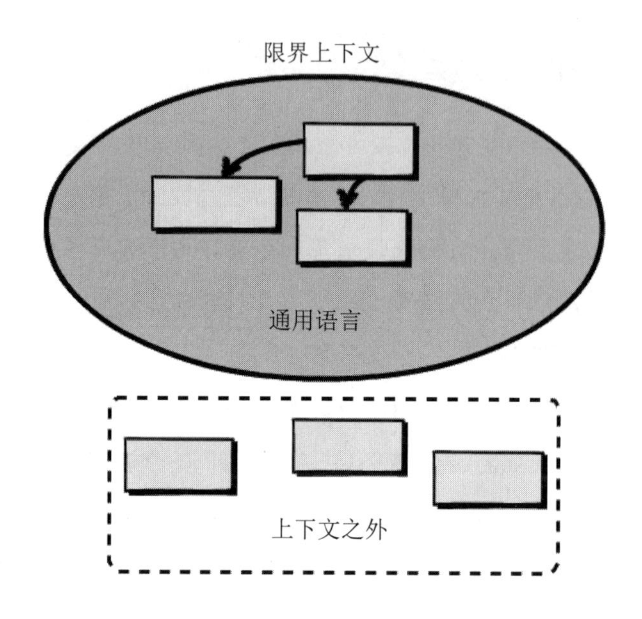

在人类的语言中，词汇随时间的推移不断发展并跨越国界，相同或相似的词汇在意义上有着细微的差别。比如，同一个西班牙语词汇在西班牙和哥伦比亚代表不一样的含义，有些甚至发音也不同。西班牙式的西班牙语与哥伦比亚式的西班牙语有着明显的区别。软件模型的语言也是如此。来自其他团队的成员可能对于同一术语有着不同的理解，这正是因为他们业务知识的上下文不同，他们在开发一个不同的限界上下文。别指望上下文之外的任何组件会遵循相同的定义。事实上，这些组件与你的模型组件之间可能存在着差异，或细微或巨大，这很正常。

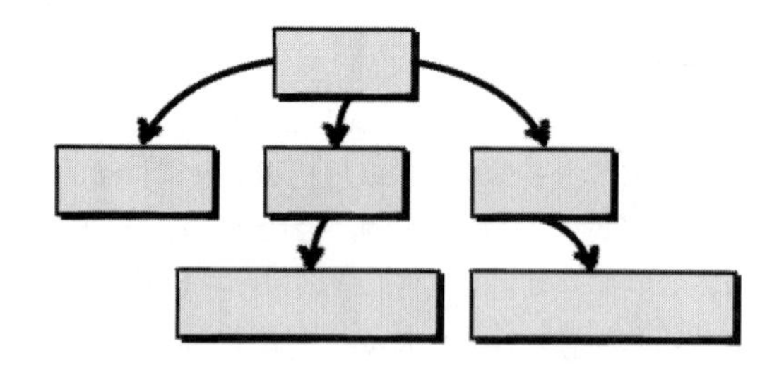

为了更好地理解使用限界上下文的重要原因，让我们来思考软件设计中的一个常见问题。通常，团队并不清楚应该何时停止向领域模型中注入越来越多的概念。或许刚开始时这个模型很小也能被管理……

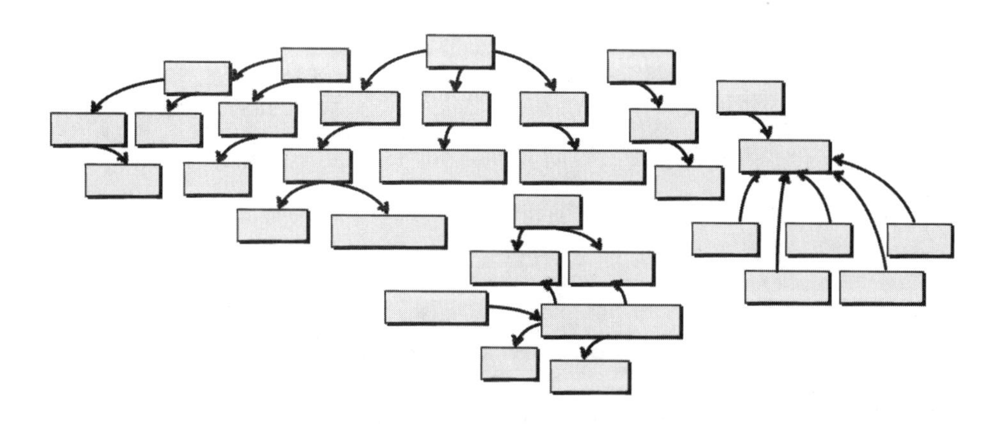

然而随着团队不断地注入更多概念，很快便出现了一个大麻烦。不仅概念太多，而且模型中的语言也变得模糊不清，因为在你思考它时，会发现在这个巨大的、混乱的、漫无边际的模型中实际存在着多种语言。

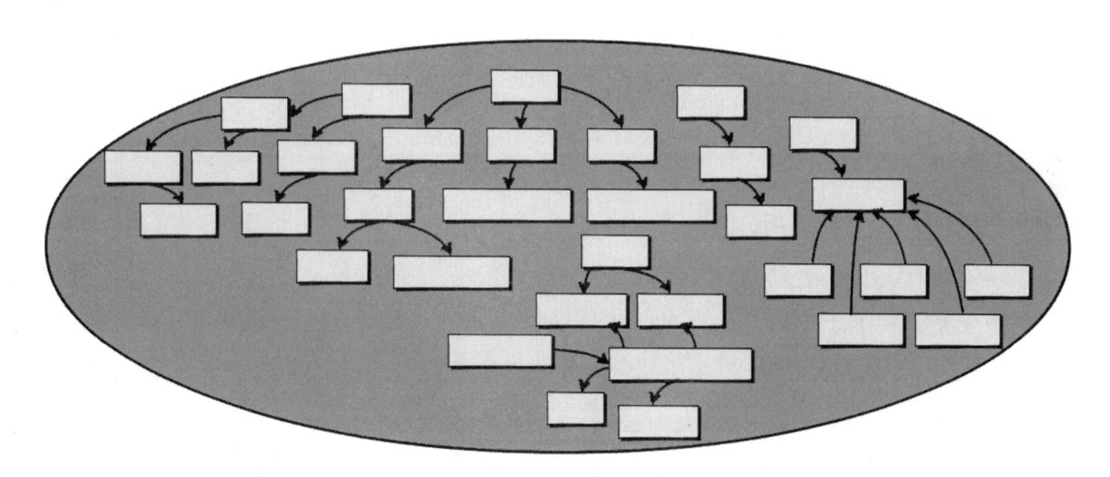

因为这样或那样的错误，团队常常会将全新的软件产品变成一个所谓的大泥球（*Big Ball of Mud*）。当然，大泥球并不值得骄傲。它是一个庞然大物，而且会变得更糟。这个系统由多个没有明确边界并纠缠在一起的模型组成。更为严重的是，它可能还会要求多个团队在其中工作。此外，各种毫不相干的概念充斥在众多的模块中，并与自相矛盾的元素相互关联。如果这个项目有测试，运行它们可能需要很长的时间，而这些测试可能会在非常重要的时刻被忽略。

这是一个在错误的领域投入过多人力并尝试去做太多事情的产物。任何发展和使用通用语言的努力都将会产生一种支离破碎而又定义不明的方言，并很快被弃用。这种语言甚至不如世界语[1]。它只是一个如同大泥球般的烂摊子。

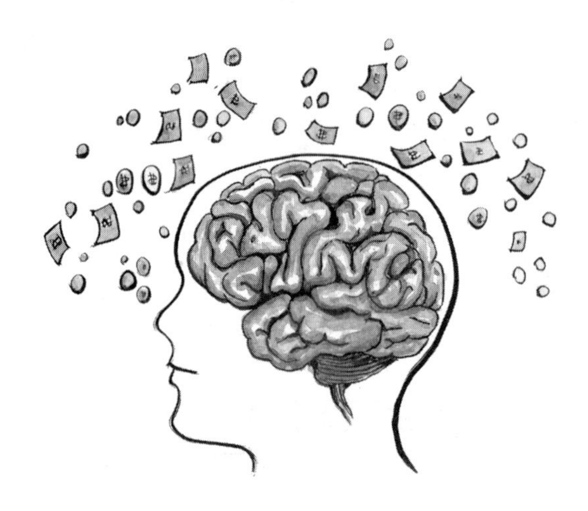

领域专家和业务驱动

业务干系人传递出的暗示会帮助技术团队做出更好的建模选择，这些暗示或许强烈，或许非常微妙。而大泥球往往是由于软件开发人员无视业务专家的建议，一意孤行的结果。

1 语言不仅仅只是起到交流的作用，更蕴含了使用该语言的背景、民族历史和发展历程。曾经风靡一时的世界语，正是因为脱离了一个共同的情境而无法真正普及。发展通用语言，是希望读者基于一定的业务上下文的情境不断地优化和建立统一的语言。——译注

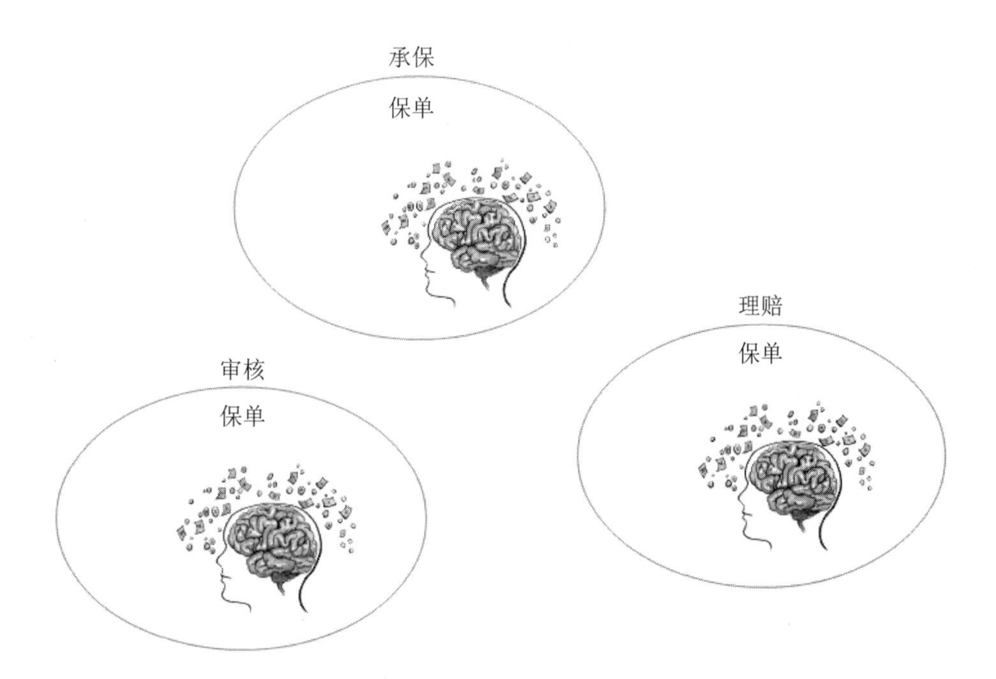

业务部门或工作组织的划分可以很好地标明模型边界的位置。你将倾向于为每个业务功能寻找至少一位业务专家。近来有一种按项目划分团队的趋势，而那些在管理层之下的业务部门，甚至是职能组织都似乎不那么受欢迎。即使在较新的商业模式下，你仍会发现项目是根据业务驱动并被专业领域组织起来的，你需要从这些角度考虑部门和职能。

当你意识到不同业务领域对同一术语可能有不同的定义时，就可以肯定这种分离是必要的。考虑一下保单（Policy）的概念，以及其在不同的保险业务领域中不同的含义。可以很容易地想象出，保单在承保中的含义与理赔、审核中的含义有很大的不同。更多的细节可以参考下一页的描述。

每个业务领域中的保单因不同原因而存在。这是无法回避的事实，即便花费再多的力气、绞尽脑汁也无济于事。

保单在不同业务职能领域中的差异

承保保单：专门从事承保的业务领域中，保单会基于对被保险实体进行的风险评估而创建。例如，在承保财产保险时，保险公司将对给定的财产进行相关风险评估，以便计算承保财产保单的保费。

审核保单：同样，如果我们从事于财产保险领域，保险公司将很有可能下设一个专门负责审核的业务部门，该部门负责审核需要投保的财产。承保部门一定程度上依赖于在审核过程中发现的信息，但仅从财产状况与被保险人声明是否一致的这一点出发。假设有一笔财产正在投保，审核的细节包括照片和文档，这些都与审核环节的保单相关，而在承保环节商定最终保费时，这些信息都会被参考。

理赔保单：理赔中的保单是根据承保环节制订的保险条款，来跟踪投保人理赔的赔付请求进度。索赔保单需要参考承保保单，但会着重确认被保险财产的损害情况和理赔员所审查的材料是否一致，以确定是否应支付保险费，如果是，则完成赔付。

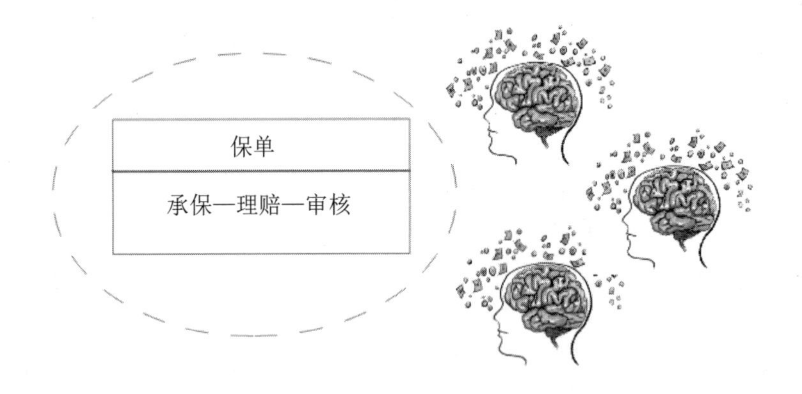

如果你尝试将这三种保单类型合并成一个适合所有业务职能领域的单一保单概念，肯定会出问题。如果这个已经超负荷的保单不得不继续承担第四、第五个业务概念，情况会变得更糟。最终没有赢家。

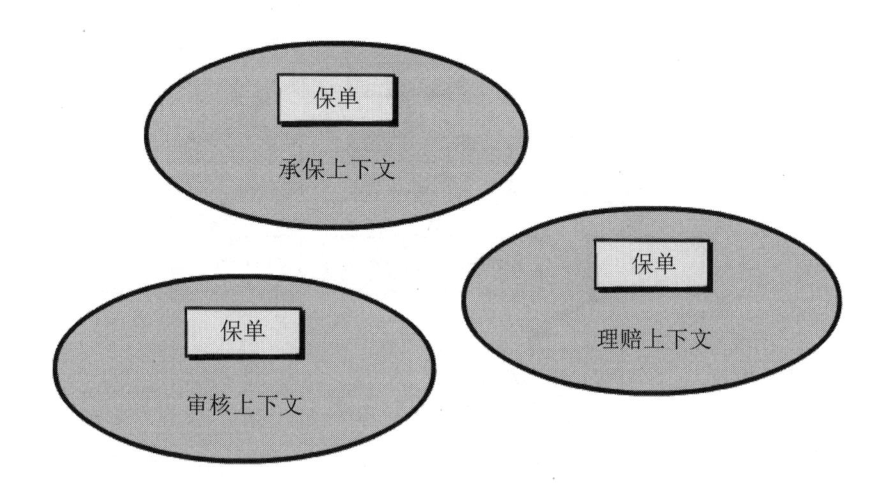

相反，DDD 强调将这些不同的概念类型分离到不同的限界上下文中，以此来拥抱这些差异，并且承认存在不同的通用语言和与之对应的职能。这里确实存在三种不同的保单定义，此处有三个限界上下文，它们都有各自的保单，每个保单都是独一无二的。没有必要把这些保单命名为承保保单、理赔保单或是审核保单，因为限界上下文的名称就可以区分它们。在这三个限界上下文中我们只需要一个简单的名称：保单。

另一个例子：什么是飞行？

航空业中的“飞行”有很多含义。其中一个是，飞机从一个机场飞到另一个机场的单次起降。飞机维修领域则有另一种不同的定义。还有一种是客票领域的定义，可以是直达也可以是中转。这几种“飞行”概念只有通过各自的上下文才能被清晰地解释，并且应该在被分离的限界上下文中建模。在同一个限界上下文中为这三种概念建模会导致混乱。

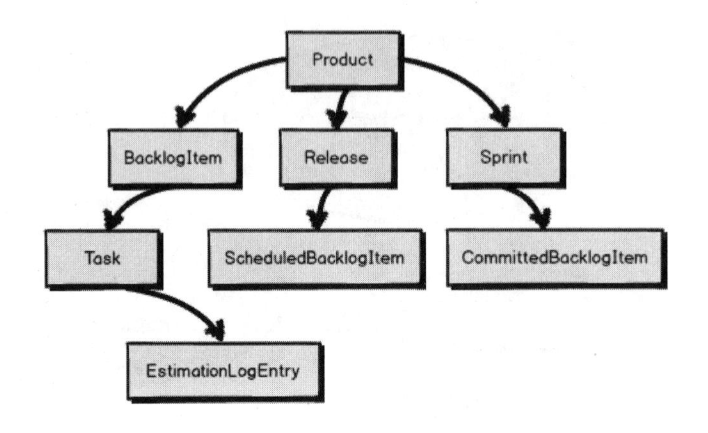

案例分析

为了让使用限界上下文的原因更加具体，我将以一个领域模型为例。在此案例中，我们正在开发一个基于 Scrum 的敏捷项目管理应用。因此，核心概念是产品（Product），它代表了将要被开发的软件，并且在未来数年的研发中将会被持续改进。产品由待办项（Backlog Item）、发布（Release）和冲刺（Sprint）组成。每个待办项都包含一些任务（Task），每个任务都拥有一个估算记录条目（Estimation Log Entry）集合。发布中包含计划好的待办项（Scheduled Backlog Item），冲刺中包含已提交的待办项（Committed Backlog Item）。目前为止，一切顺利。我们已经确定了领域模型的核心概念，通用语言也是专注且完整的。

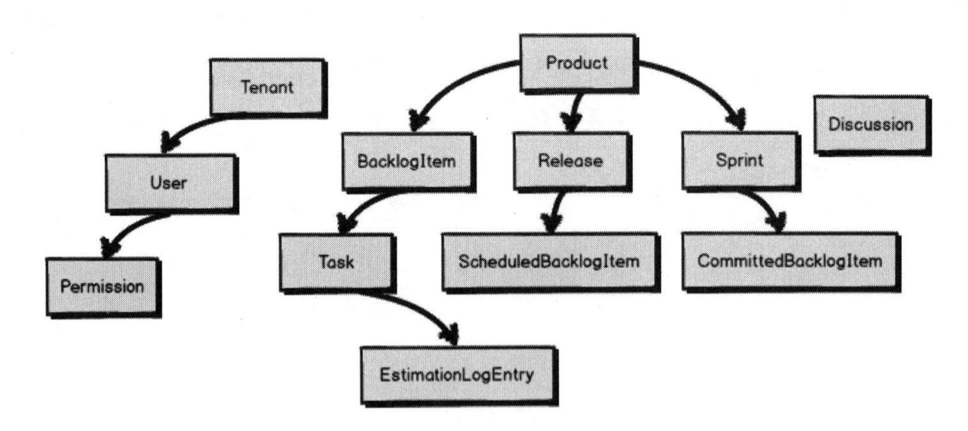

“太好了！”团队成员说，“我们也需要产品的用户。我们希望促进产品团队内的协作讨论。让我们用租户（Tenant）来表示每个订购了产品的组织，在每个租户中，我们将允许任意数量的用户（User）注册，同时他们还将拥有一些权限（Permission）。让我们增加一个讨论（Discussion）的概念，来代表我们即将支持的一种协作工具。”

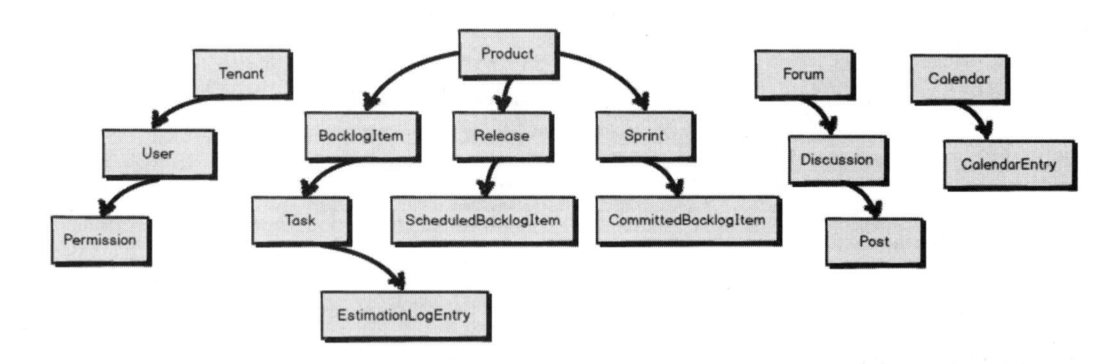

随后有成员补充：“嗯，还有其他的协作工具。讨论应该属于论坛（Forum），而且还应该包括讨论帖（Post）。此外，我们还希望支持共享日历（Shared Calendar）。”

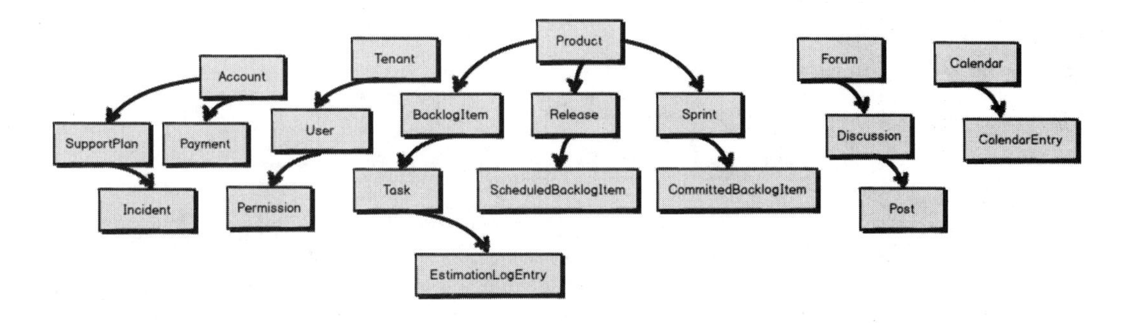

他们继续说道：“别忘了我们还需要一种方式让租户完成支付（Payment）。我们将会销售支持计划（Support Plan）的套餐，为此还需要一种跟踪支持事件（Incident）的方法。无论是支持（Support）还是支付都应该在账户（Account）下进行管理。”

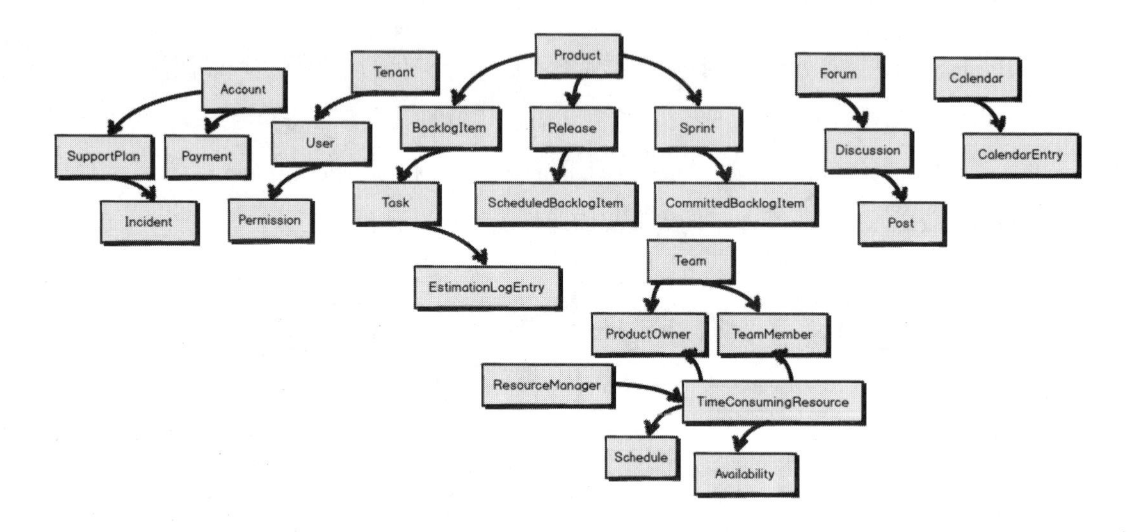

随后会涌现出更多的概念:“每个基于 Scrum 运作的产品都有一个特定团队（Team）。团队由一位产品负责人（Product Owner）和一些团队成员（Team Member）组成。但我们如何解决人力资源利用率（Human Resource Utilization）的问题呢？嗯，如果我们为团队成员建立日程（Schedule），以及利用率（Utilization）和可用性（Availability）的模型，会怎么样？”

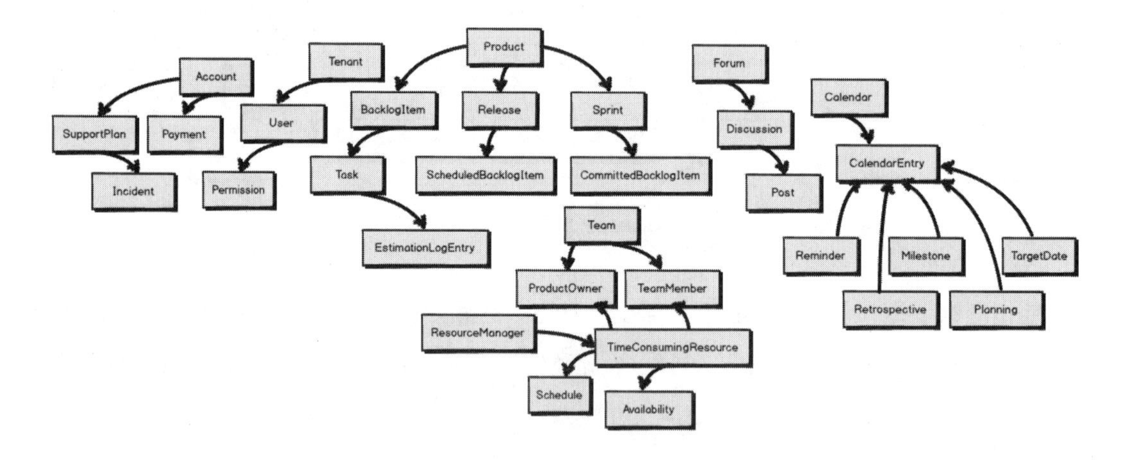

“你知道还有什么吗？”团队成员说，“共享日历不应仅限于保存日常的日历条目（Calendar Entry）。它还应该可以保存一些特殊的条目，比如提醒（Reminder）、团队里程碑（Team Milestone）、计划会议（Planning Meeting）和回顾会议（Retrospective Meeting），还有交付日期（Target Date）。”

等一下！你有没有发现团队正在落入一种陷阱？他们已经偏离了最初的核心概念：产品（Product）、待办项（Backlog Item）、发布（Release）和冲刺（Sprint）。通用语言已经不再纯粹地与 Scrum 相关，它已经变得支离破碎并令人困惑。

不要因为命名概念过少而疑惑。对于每一个命名元素而言，我们都可能情不自禁地在脑海中闪现两个、三个或更多可以支撑它的概念。而此时项目才刚刚起步，团队就已经滑向大泥球的深渊。[1]

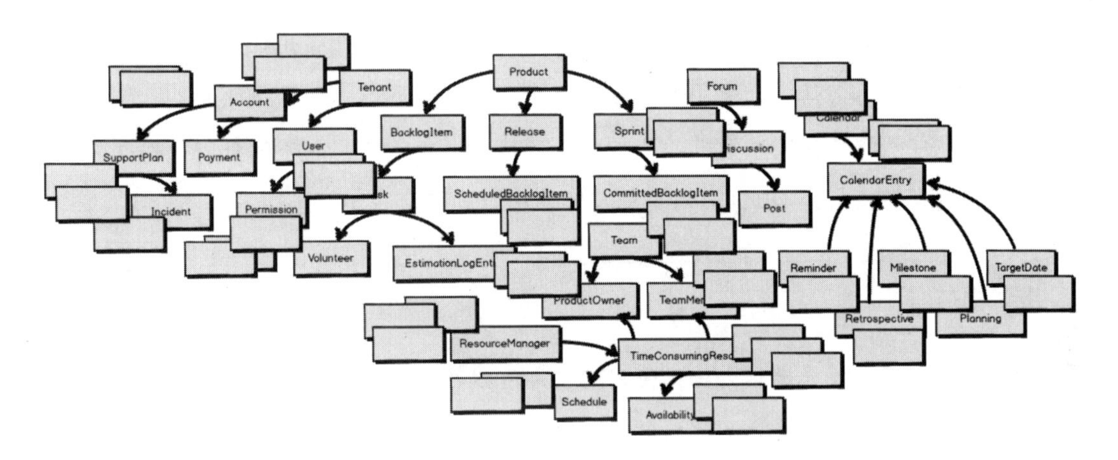

1 事实上，开发人员更加擅长在设计过程中不断地抽象对于客观世界的观察。如果这些概念被全盘接受，无形中就会形成过度设计的领域模型。因此在设计过程中，开发人员需要不断地向业务人员确认上下文的核心和必要概念，及时抑制过度设计的冲动。如果无法剔除那些不必要或不属于核心域的概念，在不久的将来就会造就一批低价值的功能，而这些功能对于产品研发而言就是巨大的浪费。——译注

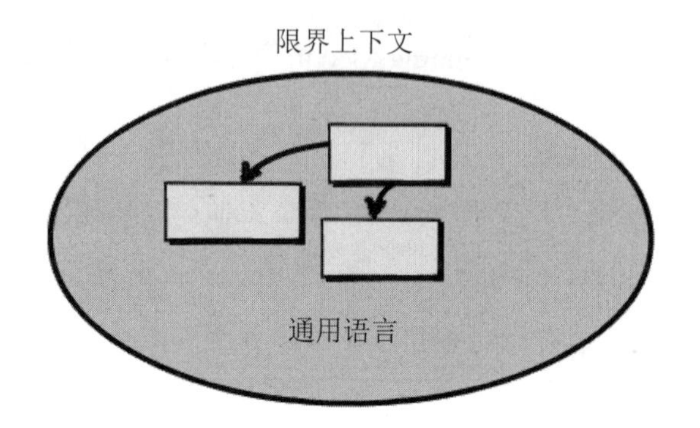

战略设计是必要的根基

DDD 中有哪些工具可以帮助我们避免这些陷阱？你至少需要两种基本的战略设计工具，限界上下文和通用语言。采用限界上下文会迫使我们回答“什么是核心？”的问题。它应紧紧地抓住战略举措中所有的核心概念，并排除其他概念，剩下的都应该是团队通用语言的一部分。你将看到 DDD 如何避免单体应用设计的产生。

测试收益

限界上下文并非庞然大物，使用它们却可以收益良多。其中之一就是测试会聚焦于一个模型中，这样测试的数量会更少，执行更快。虽然这并非是使用限界上下文的主要动机，但确实是意外的收获。

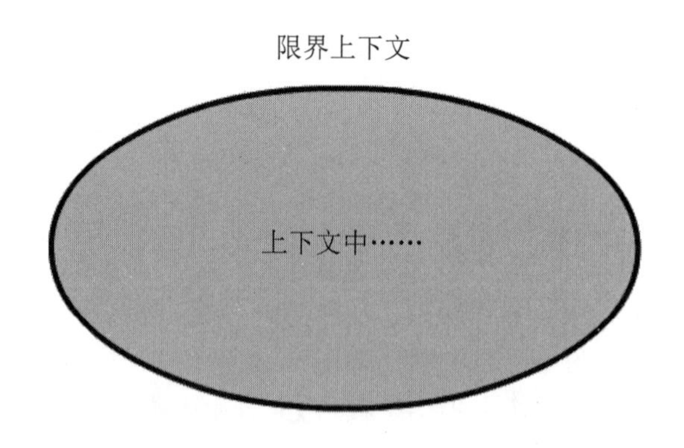

从字面上看，有些概念属于限界上下文，并被清晰地包含在团队的通用语言中。

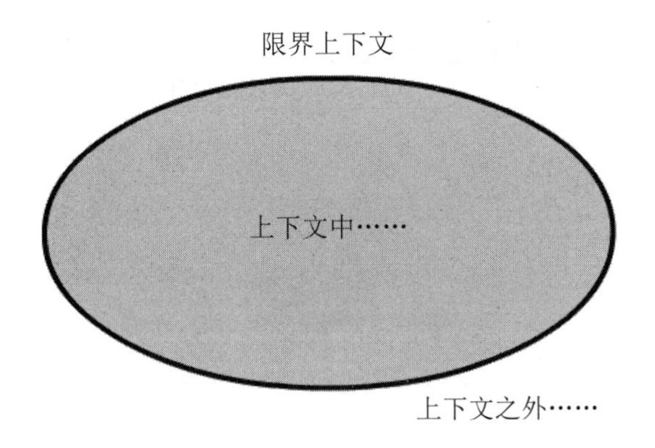

而其他的概念将会在限界上下文之外。只有经过“仅限核心”的严格过滤之后保留下来的概念，才能成为拥有限界上下文的团队的通用语言的一部分。

注意

只有经过“仅限核心”的严格过滤之后保留下来的概念，才能成为拥有限界上下文的团队的通用语言的一部分。限界上下文的边界强调其内部的严谨性。

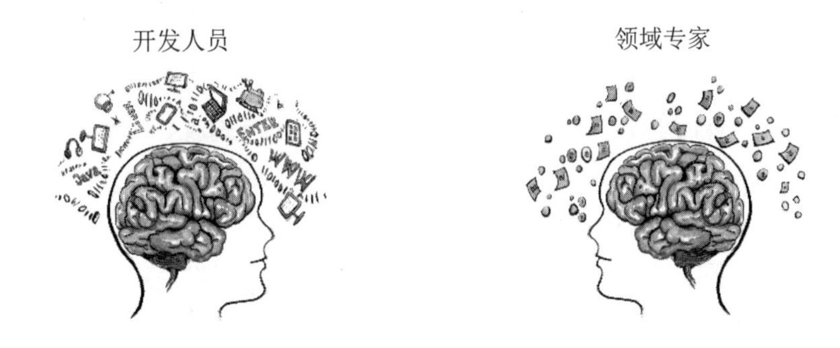

然而，我们该如何确定核心？为此，我们必须将两个重要的群体——领域专家（*Domain Expert*）和软件开发人员，整合成一个有凝聚力的协作团队。

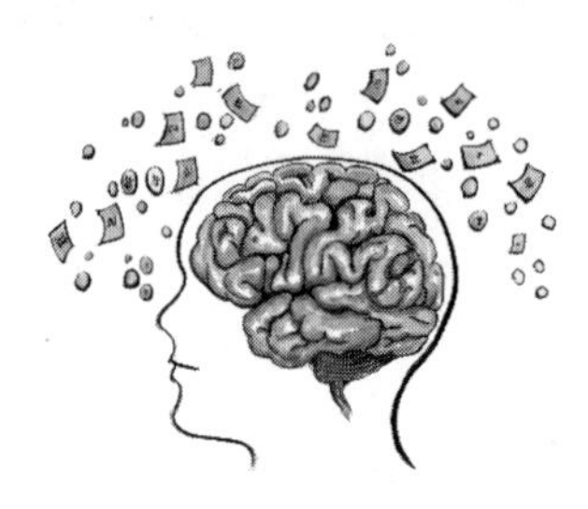

领域专家自然会更加关注业务问题。他们的想法会集中在组织如何运作的愿景上。Scrum 的业务领域中，我们期望领域专家是一位 Scrum Master[1]，他完全了解如何在项目中实施 Scrum。

产品负责人还是领域专家？

你可能会疑惑，Scurm 中的产品负责人与 DDD 中的领域专家之间的区别是什么。在某些情况下，他们可能是同一个人，也就是说，一个人承担两个角色。产品负责人常常更加关注管理和产品待办项的优先级排序，并时刻留意着项目的概念和技术是否保持着连续性，这一点也不足为奇。但这并不意味着产品负责人天生就是领域内的业务核心竞争力方面的专家。我们要确保团队中有真正的领域专家，还要避免让缺乏必要专业技能的产品负责人代替领域专家。

在特定的业务领域中，你还是需要领域专家的。这不仅是一个职称，而是形容那些主要专注于业务的人。领域专家的心智模型将会成为团队通用语言的坚实基础。

1 Scrum Master，是组成 Scrum 团队的三个角色之一，也是 Scrum 团队的敏捷教练。请参考《Scrum 精髓》[Essential Scrum]。——译注

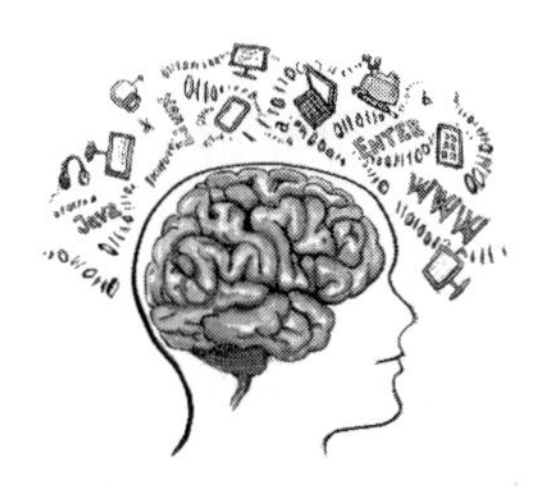

另一方面，开发人员专注于软件开发。如图所示，开发人员将精力花费在编程语言与技术研究中。然而，在 DDD 项目的实施过程中，开发人员需要尽量克制这种“以技术为中心”的冲动，以防无法接受以业务为中心的核心战略举措。相反开发人员应当抛弃任何多余的技术洁癖[1]，并拥抱团队在特定限界上下文中逐步发展的通用语言。

专注业务复杂性而非技术复杂性

之所以会采用 DDD，是因为业务模型的高度复杂。我们从未想过让领域模型比其更复杂。不过，也正是因为业务模型比项目的技术特性更加复杂，我们才会使用 DDD。这也是开发人员必须与领域专家一起深入钻研业务模型的原因。

---

1 在此过程中，开发人员会不由自主地进入“编码实现”的惯性思维模式，比如：这个概念应该设计怎样的关系型数据表，把这个概念设计成一个 REST 资源怎么样，这个概念需要使用一个抽象类来实现方便未来的扩展，等等。这些是过往的经验、对某种技术的偏好或者组织规范的要求而导致的，一点也不奇怪。但需要注意的是，我们在进行战略设计时，一定要暂时搁置这些关于实现的技术细节。一方面，这时通用语言（概念和需求）依然在发展过程中，我们会不断地质疑并修正它们，过早地思考针对这些概念和需求的实现没有任何意义。另一方面，如果在现阶段的讨论中就提及这样一些专业的技术术语，只会对领域专家造成干扰，浪费掉和他们协作的宝贵时间。不用着急，我们会在战术设计阶段再来考虑这些关于实现的细节问题。——译注

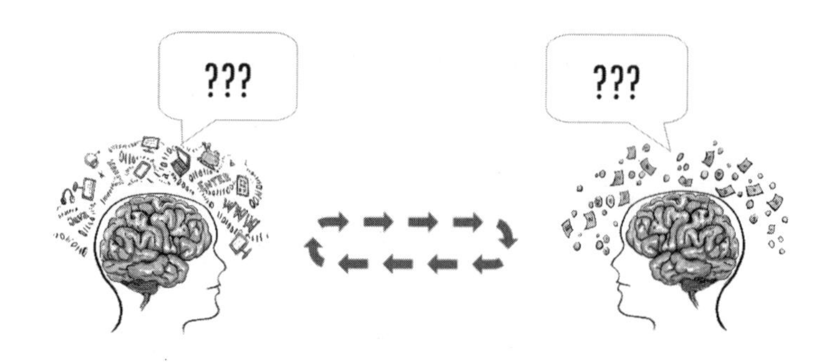

开发人员和领域专家都应该拒绝任何以文档为主要交流手段的倾向。最佳的通用语言是通过协作反馈循环而发展出来的，从中可以促成团队形成共同的心智模型。对当前知识领域的开放式讨论、探索和质疑都会深化团队对于核心域的认知。

在质疑中统一

现在让我们回到之前的问题："什么是核心？"就之前已然失控并无限扩展的业务模型而言，我们要对它提出质疑并将其统一。

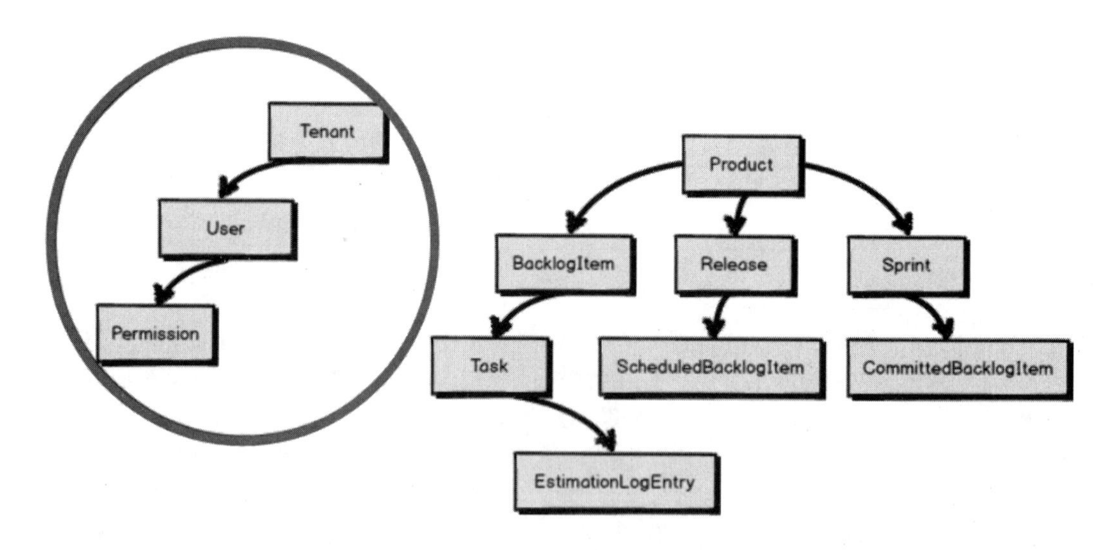

一个非常简单的质疑是，每个大型模型的概念是否都符合 Scrum 通用语言的要求？真

的如此吗？例如，Tenant、User 和 Permission 都与 Scrum 无关。这些概念都应该从 Scrum 的软件模型中剥离出去。

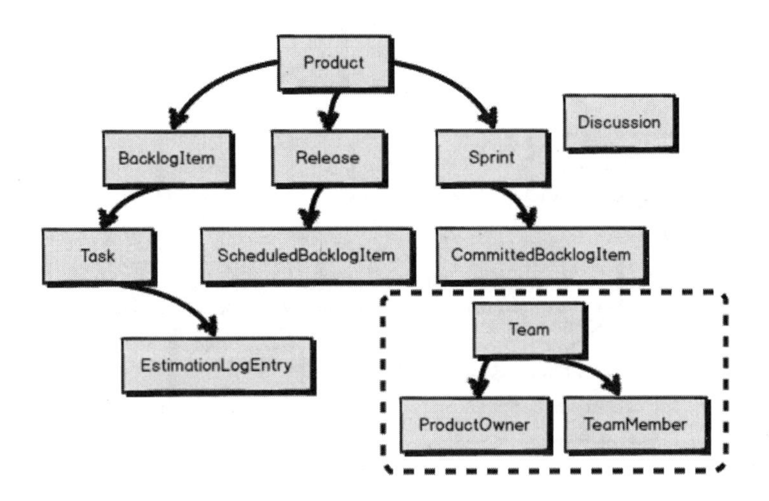

Tenant、User 和 Permission 应该被 Team、ProductOwner 和 TeamMember 取代。虽然 ProductOwner 和 TeamMember 实际上是一个 Tenant 中的 User，但使用它们更符合 Scrum 的通用语言。当讨论 Scrum 的产品和团队任务时，它们是我们脱口而出的术语。

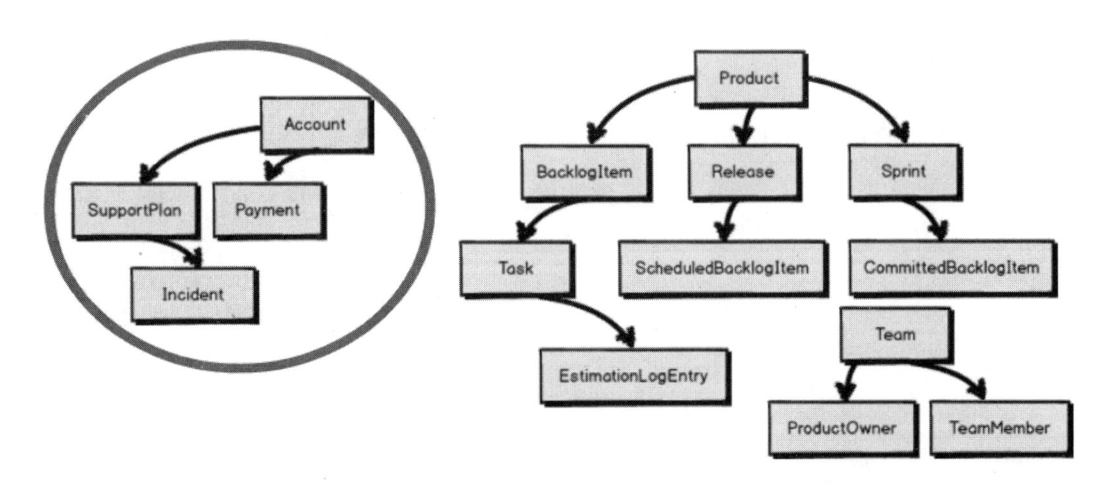

SupportPlan 和 Payment 真的是 Scrum 项目管理的一部分吗？答案显然是“不”。

的确，它们都将在 Tenant 的 Account 下进行管理，但并不是 Scurm 的核心通用语言。它们脱离了 Scurm 上下文，将会从模型中移除。

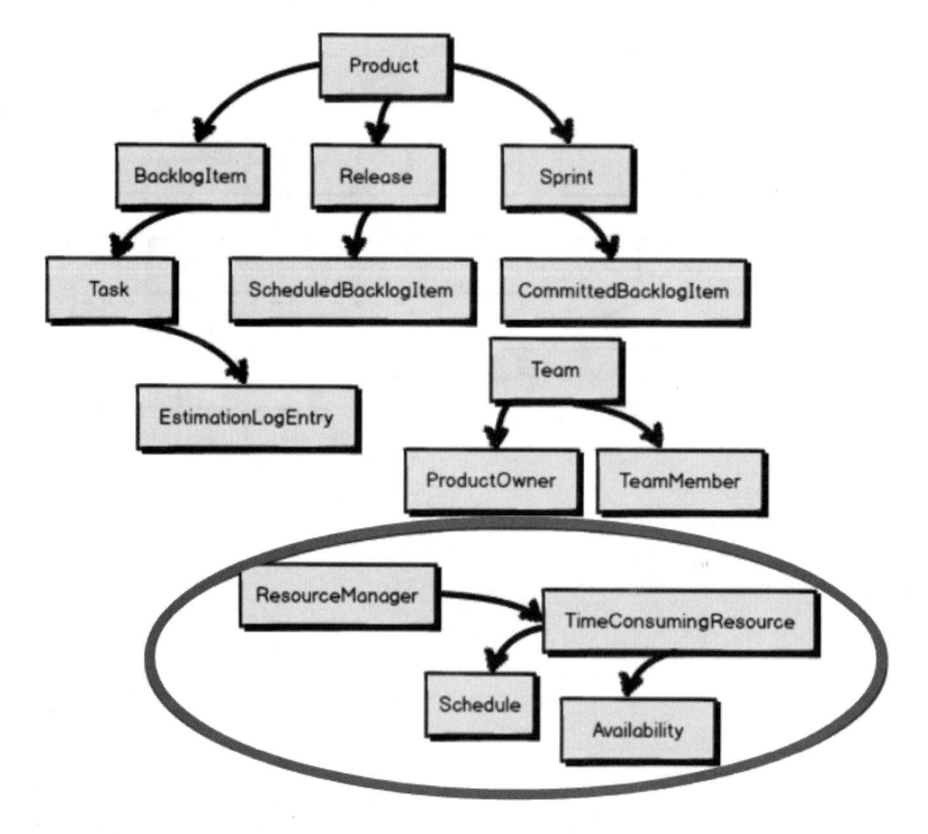

引入人力资源利用率（Human Resource Utilization）的概念会有什么问题吗？对于某些人而言它可能有用，但它并不会被那些负责 BacklogItemTask 的 Team Member Volunteer 直接使用。它不属于 Scurm 上下文。

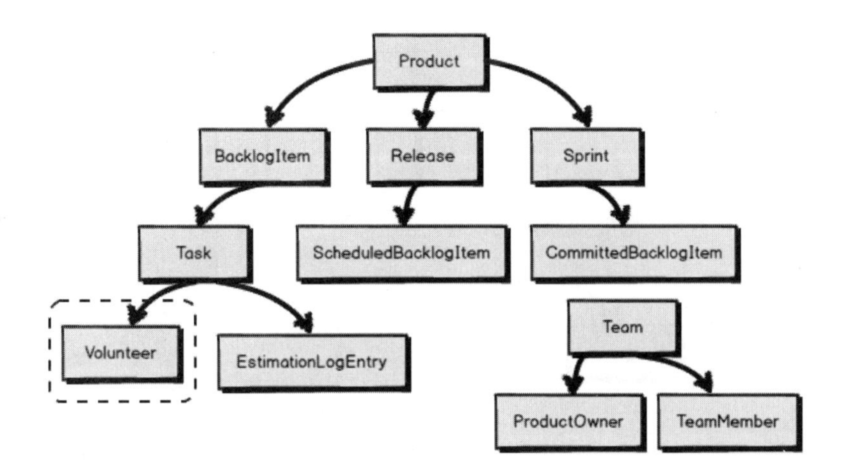

在添加团队、产品负责人和团队成员后，建模者意识到他们遗漏了一个核心的概念，当缺少这个概念时，`TeamMember` 将无法自愿认领 `Task`。这就是 Scrum 中的 `Volunteer`。因此，`Volunteer` 的概念属于 Scurm 上下文，并包含在核心模型的通用语言中。

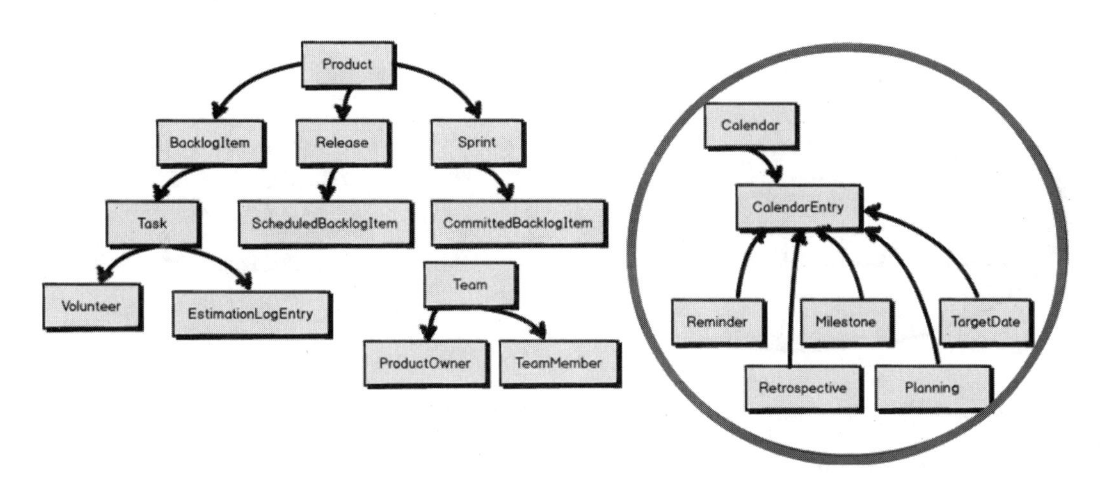

尽管日历中的 `Milestone`、`Retrospective` 等类似的概念都属于 Scurm 上下文，但团队更愿意将为其建模的工作留给接下来的冲刺。它们属于这个上下文，但目前已经超出了交付范围。

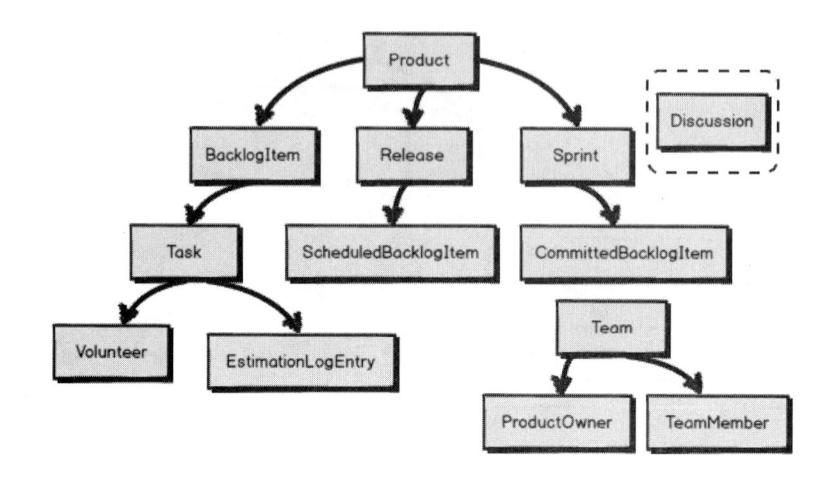

最后，建模者希望确保考虑到的主题 `Discussion` 概念也将成为核心模型的一部分。为此，他们构建了一个 `Discussion` 模型。这意味着 `Discussion` 是团队通用语言的一部分，并属于核心限界上下文。

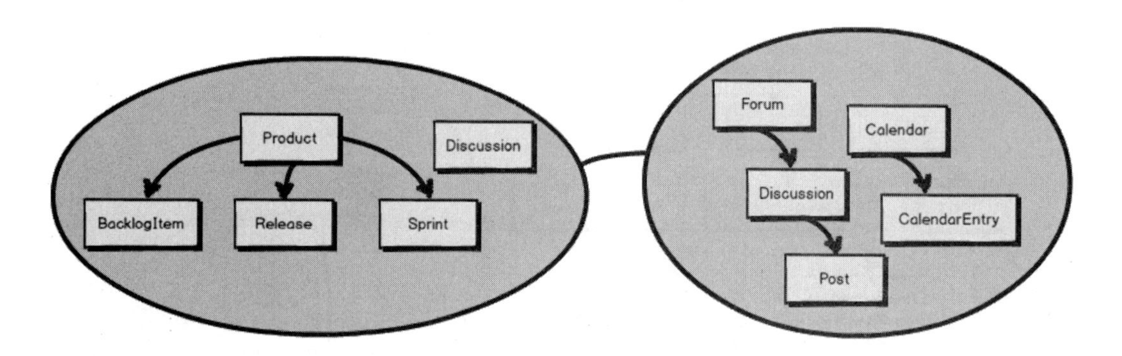

对于这些语言的质疑使得通用语言的模型越来越清晰。然而，Scrum 模型将如何实现必要的讨论（*Discussion*）？这里肯定需要许多辅助的软件组件的支持，直接在 Scrum 限界上下文中对其建模似乎是不合适的。事实上，整套协作（*Collaboration*）的概念都不属于 Scurm 上下文。讨论将通过与另外一个限界上下文，协作上下文的集成获得支持。

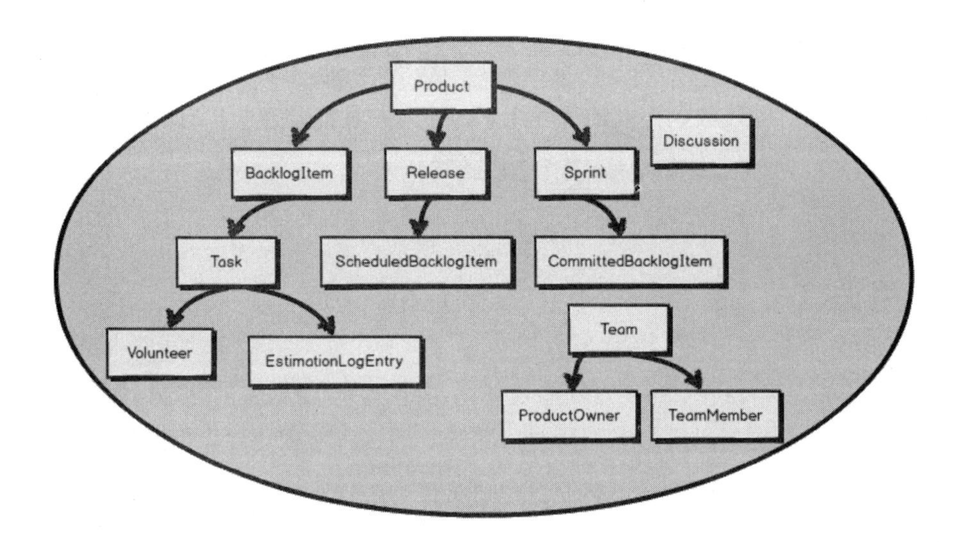

在这次练习之后，我们将会留下一个小巧却实际得多的核心域。当然，核心域将会持续扩展。我们已经知道必须尽快开发 `Planning`、`Retrospective`、`Milestone` 以及其他基于日历的模型。尽管如此，只有当新的概念符合 Scurm 的通用语言时，才会扩展核心域。

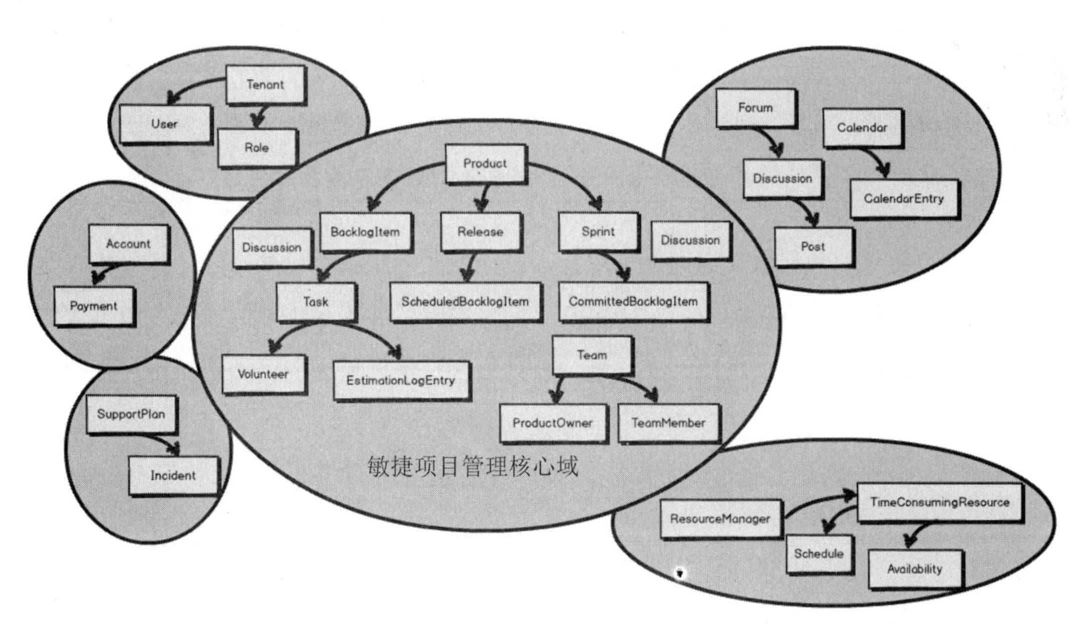

那么，我们该如何从核心域中分离出其他的建模概念呢？其他的几个概念，即便不是全部，都有很大的可能被放到不同的限界上下文中，并且都要遵循各自的通用语言。稍后，你将了解我们是如何通过上下文映射来集成它们的。

发展通用语言

当你将 DDD 的主要工具之一付诸实践时，是如何在团队中发展通用语言的呢？这些通用语言是由一系列通俗易懂的名词所组成的吗？名词固然很重要，但开发人员在领域模型中往往过于强调名词，而忘记了名词只是口头语言中很小的一部分。诚然，目前为止，在之前的限界上下文示例中我们主要关注的是名词，那是因为当时我们对 DDD 的另一个方面感兴趣，即将核心域限制在最基本的模型元素范围内。

加速发现之旅

在一些场景上工作时，你或许想尝试几次事件风暴（*Event Storming*）的讨论。这些讨论可以帮助你快速地理解应该投入到哪些场景中，以及如何对这些场景进行优先级排序。同样，创建具体场景将会给你的事件风暴讨论方向带来一些更好的思路。这两种工具能够很好地配合。第 7 章中会介绍事件风暴的用法。

我们不要将核心域局限在名词上。相反，应当使用一组具体场景来表达核心域，这些场景描述了领域模型应该做的事情。当提及“场景”时，并不是指用例或用户故事这些软件项目中常见的概念。本书所定义的场景，其真正含义是领域模型该如何工作，各种组件

该做什么。[1] 只有领域专家和开发人员组成通力协作的团队，才有可能最大限度地完成这些场景。

下面是一个符合 Scrum 通用语言的场景示例：

> 允许将每一个待办项提交到某个冲刺中。只有待办项位于发布计划中时才能进行提交。对于已经提交过的待办项如果想再次提交到另外一个冲刺中，需要先将其回收。提交完成时，通知相关方取消提交的冲刺与准备提交的冲刺。

请注意，这并不只是一个关于如何在真实的项目中使用 Scrum 的场景。我们不是在讨论人类如何运作 Scrum 的流程，而是描述了如何使用真实的软件模型来支持基于 Scrum 运作的项目管理。

上述场景的示例陈述得并不完美，而使用 DDD 的额外收获在于我们一直在寻找改进模型的方法。这是一个不错的开端。我们在场景中听到了各种词汇，其中不仅仅有名词，也有动词和副词，还有其他的类型的词。你也会听到一些约束条件，这些约束条件必须在场景顺利完成前得到满足。使用 DDD 带来的最大收获和赋予你的最大能力在于可以真正地通过对话了解领域模型是如何工作的，即它的设计。

我们甚至可以绘制一些简单的图画和图表。这些方式都是为了帮助团队进行良好的沟通。这里适当地提醒一句，当心你在建模工作中对文字场景、图画、图表这些文档长期保持同步花费过长的时间。[2] 这些文档并不是领域模型。相反，它们只是帮助你开发领域模型

---

1 正如前文所引用的："绝大部分的人错误地认为设计只关乎外观。人们只理解了表象——将这个盒子递给设计师，告诉他们：'把它变得好看一些！'这不是我们对设计的理解。设计并不仅仅是感观，设计也是产品的工作方式。"我们不仅需要认识到设计对于产品重要性，更需要体会通过设计改变产品的内在运作方式可以有效地改善用户的体验。我们对于"场景"的描述，也期望团队不仅仅只是观察到它的表象，更是希望通过不断地协作认知更加清晰地描绘出"场景"背后的运作逻辑。——译注

2 请回忆敏捷宣言，"工作的软件高于详尽的文档"。文档只是一种工具，对于用户而言并不能产生价值，所以在产品的研发过程中，利用轻量级的文档（例如 Wiki）去记录一些关键信息和共识足以。——译注

的工具。模型终将与代码融为一体。只有像婚礼这样的重要活动才需要仪式，而领域模型并不需要这些仪式。这并非意味着你不需要为更新场景付出努力，而是应该在正确的时候做正确的事。

对于之前的示例，你会做些什么来完善这部分通用语言？思考一下，有什么遗漏吗？很快你会恍然大悟：谁将会把待办项提交到冲刺中？让我们加上谁，看看会发生什么：

产品负责人提交每个待办项到一个冲刺中……

你将发现在多数情况下你需要给场景中的每个人物命名，并赋予他们一些和待办项、冲刺等这些其他概念有区别的属性。这有助于将场景描述得更加有血有肉，而不只是一堆验收标准的陈述。然而，在这种特殊的情境下，很难找到一个强有力的理由去写清楚产品负责人的名字，或进一步描述涉及的待办项与冲刺。此时，无论是否拥有一个具体的人物角色或身份，所有的产品负责人、待办项和冲刺都会遵循相同的业务规则。如果需要给场景中的概念提供名字或有区别的身份，请这样做：

产品负责人 Isabel 提交查看用户设置待办项到交付用户设置冲刺中……

这里并不是说产品负责人是唯一可以决定将待办项提交到冲刺中的人。Scrum 团队也不会喜欢这样，因为这要求团队承诺在一段时间内交付软件，同时他们却对决定没有任何发言权。尽管如此，对于我们软件模型交付而言，最切合实际的方式仍旧是让一个人负责在模型上执行这个特殊的动作。就这个例子来说，我们主张由产品负责人担任这一角色并执行这一动作。即便如此，Scrum 团队的天性一定会让他们抛出这样的问题：“团队里的其他成员还要做些什么，才能让产品负责人执行提交动作？”

你看到这里发生的一切了吗？通过使用谁这个问题不断地质疑当前的模型，我们得到一个深入理解模型的机会。在允许产品负责人执行提交动作之前，也许我们至少需要对这个待办项是否可以被提交达成一些团队共识。这会将场景优化成下面这样：

> 产品负责人提交待办项到冲刺中。只有待办项位于发布计划中时才能进行提交，而且需要赞成承诺的团队成员达到法定人数……

很好，现在的我们的通用语言变得更加准确，这是因为我们识别出了一个新的模型概念，叫作法定人数（Quorum）。我们决定，只有待办项得到法定人数的团队成员同意后才能被提交，并且必须要有一种赞成（Approve）承诺的方法。我们现在引入了一个新的建模概念和一些有助于团队交流的用户界面的新想法。你是否看到了创新？

我们还遗漏了模型中的另一个谁。之前的场景是这样结尾的：

> 当待办项的提交完成后，需要通知相关方。

相关方是何人何物？这个疑问将引导我们进一步思考这些建模。当提交待办项到冲刺中时，谁会需要知道？实际上，一个重要的模型元素是冲刺本身。冲刺需要跟踪其中承诺的待办项总数，以及交付所有冲刺任务所需要投入的工作量。不管怎样，你决定冲刺要设计成可以跟踪这些信息，此时设计的重点是在待办项提交到冲刺时通知它：

> 对于已经提交过的待办项想再次提交到另外一个冲刺中，那么需要先将其回收。提交完成后时，需要通知相关方（相关的冲刺）。

现在我们有了一个相当不错的领域场景。结尾的这句话令我们了解到，待办项与冲刺可能不需要在同一时间知晓待办项的提交状态。我们需要询问业务来确定，但这听起来像是引入最终一致性（*Eventual Consistency*）的好去处。在第 5 章中，你将会明白为什么最终一致性非常重要，以及如何达成它。

优化后的完整场景如下所示：

> 产品负责人提交待办项到冲刺中。只有待办项位于发布计划中时才能进行提交，而且需要赞成承诺的团队成员达到法定人数。如果待办项已经提交到另外一

个冲刺中，那么需要先将其回收。当待办项的提交完成后时，需要通知相关方（相关的冲刺）。

实际的软件模型是如何工作的？你可以设想用一个非常有创意的用户界面来支撑这个软件模型。当 Scrum 团队正在进行一场冲刺计划会议时，团队成员们在讨论每个待办项时，会借助智能手机或其他移动设备投出他们的赞成票，这些待办项已被讨论并同意在下个冲刺中完成。赞成每个待办项的团队成员达到法定人数后，产品负责人才能将所有赞成通过的待办项提交到冲刺中。

应用场景

你可能想知道如何把书面场景转换成某种可以用来验证领域模型是否符合团队需求说明的产出物。可以采用一种被称为实例化需求[Specification]的技术，它也被称为行为驱动开发[BDD][1]。你期望通过这种方法达到这些效果：协作发展并完善通用语言、团队共识建模，以及确定模型是否符合需求说明的要求。我们可以通过创建验收测试[2]来达到这些效果。下面是将之前的场景重新表述为可执行的需求说明之后的例子：

1 Behavior Driven Development，行为驱动开发是一种敏捷软件开发方法，它鼓励软件项目中的开发者、测试和业务人员之间的协作，包括验收测试和客户测试驱动等实践。实例化需求（Specification by Example，SBE）也是一种用于定义软件产品的需求和面向业务的功能测试的协作方法，它和行为驱动开发表达的是同样的概念，采用的也是同样的实践。实例化需求的介绍请参考同名书籍《实例化需求》[Specification]。——译注

2 验收测试通常指面向业务（用户）的（功能）测试，因此它还承载着衔接需求说明和测试代码的职责。验收测试最好使用业务人员、开发人员、测试人员都能理解的“语言”来描述，尽可能避免需求理解的偏差。在敏捷开发方法中，我们推崇使用用户故事中的验收条件来描述需求，它采用自然语言和“假如/当/那么（Given/When/Then）”的固定格式。这里验收测试的场景和用户故事中的验收条件几乎一模一样。这些场景使用一种简单的编程语言 Gherkin 编写，它是行为驱动开发框架 Cucumber 的一部分。这些场景中的每一行语句都可以被 Cucumber 框架映射成支撑代码来执行。它支持包括中文在内的 60 种自然语言，这里的代码我们也使用了它支持的中文保留字来实现。——译注

```
场景：产品负责人提交待办项到冲刺中
    假如 待办项已经为发布排期
    并且 有待办项的产品负责人
    并且 有需要承诺的冲刺
    并且 有法定数量的团队成员赞成承诺
    当 产品负责人提交待办项到冲刺中
    那么 待办项被提交到冲刺中
    并且 待办项已提交的事件被创建
```

通过这种形式编写的场景，你可以实现一些支撑代码，并使用工具来执行该需求说明。即便没有工具，你也会发现这种“假如/当/那么（Given/When/Then）”的场景编写方式比之前的例子要好。然而，可执行的需求说明作为验证领域模型的方法着实让人难以抗拒。[1]后面的第 7 章中，会对其进一步点评。

你并非一定要使用这种形式的可执行需求说明来验证场景与领域模型是否一致。你也可以使用单元测试框架来达成同样的目标，通过它创建验收测试（不是单元测试）来验证领域模型：

```
/*
产品负责人提交待办项到冲刺中。只有计划好的待办项，才可以提交到冲刺中，而且需要赞成承诺的团队
成员达到法定人数。如果待办项已经提交到另外一个冲刺中，必须先取消提交。当待办项的提交完成时，
需要通知它现在要提交到的冲刺和被取消提交的冲刺。
*/

[Test]
public void ShouldCommitBacklogItemToSprint()
{
```

1 这里要提醒读者，行为驱动开发是一组实践方法，Cucumber 等框架只是实践行为驱动开发的可选工具中的一种。通过 Cucumber 框架刻意追求验收测试的自动化是一种狭义的认知。行为驱动开发框架不是自动化测试的银弹，不要期望它能轻易自动地解决你在场景验收中的所有问题。验收测试意味着对系统功能进行完整的端到端的测试，这样的测试牵涉到从数据库到用户界面的方方面面，实施自动化的成本特别高。在具体的实施过程中，需要根据产品/项目的实际情况，比如资金、人力资源、时间、组织架构等，合理选择投入的方式与切入点。我们建议学习并理解测试金字塔，来帮助你构建更合理的自动化测试体系。——译注

```
    // 假如
    var backlogItem = BacklogItemScheduledForRelease();

    var productOwner = ProductOwnerOf(backlogItem);

    var sprint = SprintForCommitment();

    var quorum = QuorumOfTeamApproval(backlogItem, sprint);

    // 当
    backlogItem.CommitTo(sprint, productOwner, quorum);

    // 那么
    Assert.IsTrue(backlogItem.IsCommitted());

    var backlogItemCommitted =
      backlogItem.Events.OfType<BacklogItemCommitted>().SingleOrDefault();

    Assert.IsNotNull(backlogItemCommitted);
}
```

这种基于单元测试的验收测试方法实现的目标与可执行的需求说明相同。其优势在于可以更快完成这种场景验证的编写，但会牺牲一定的可读性。尽管如此，大部分的领域专家都应能在开发人员的协助下读懂这些代码。[1] 如本例所示，使用这种方法时，在验证代码的注释中维护文档形式的相关场景可能效果更好。

1 理想很丰满现实却骨感：极少有业务人员愿意编写甚至是阅读这种的验收测试“代码”。即便是使用行为驱动开发框架编写的场景也很难激起业务人员的阅读兴趣。而且，也不是所有的验收测试或场景都能自动化。所以，最现实的一种解决方法就是，业务人员按照自己的喜好选择工具，按照验收条件的格式编写需求说明，团队选出最值得做自动化的那些，由开发人员和测试人员将它们“翻译”成自动化测试脚本。这些测试脚本由开发人员和测试人员维护，根据场景的变化来更新测试脚本，这样才能做到像实例化需求提倡的那样让业务人员编写的需求说明持续地“执行”验证。因此，这种情况下对技术人员更友好的单元测试反而比 Cucumber 这样的框架更受欢迎。

无论你决定采用哪种，这两种方法通常都会遵循红—绿（失败—通过）的形式[1]，需求说明首先会运行失败，这是因为待验证的领域模型尚未实现。通过一系列的验证失败（红色），逐步完善领域模型，直到完全支持需求说明并通过验证（全绿）。这些验收测试将会直接与你的限界上下文相关，并保存在限界上下文的源代码库中。

如何持续

现在，你可能会关心，一旦创新停滞并进入维护期后[2]，我们该如何继续维持通用语言？事实上，最佳的学习方式，即知识获取，将在一段很长的时间持续发生，甚至发生在所谓的“维护期”。团队如果认为创新在维护开始时就结束了，这本身就是一个错误。

最糟糕的情况可能是给核心域贴上“维护阶段”的标签。持续学习的过程根本不是一个阶段。早期发展的通用语言必定随着岁月的流逝而不断成长。确实，它终将可能不那么重要，但这也需要相当长的一段时间。它是组织对于核心举措的全部承诺。如果不能做出长期承诺，那么今天你所开发的模型真的是组织的战略差异性所在，即核心域吗？

---

1 此处所提及的红—绿（失败—通过）的形式正是测试驱动开发（Test Driven Development，TDD）所提倡的软件实现方式。测试驱动开发是敏捷开发中的一项核心实践和技术，也是一种设计方法论。它的基本思路就是通过测试来推动整个开发的进行，但测试驱动开发并不只是单纯的测试工作，而是把需求分析、设计、质量控实例化的过程。实际上行为驱动开发也是对测试驱动开发的响应，只不过测试驱动开发多发生在开发人员编写代码时，而行为驱动开发从更早的需求梳理阶段就开始了，参与其中的除了开发人员还有业务人员和测试。关于测试驱动开发的内容请参考 Kent Beck 所著的《测试驱动开发》。——译注

2 对于一个产品而言，创新贯穿了整个生命周期，从探索到拓展，再到维护，乃至退出，每个阶段都需要持续创新。我们不能将创新局限在新的功能和新的服务上。同时，商业模式、用户体验以及质量改善也都可以是创新的发力点。当产品进入了稳定期或是维护期时，我们需要在现有的高价值业务流程上延伸出新的创新，有时是入口创新，如近几年很多成功的产品，都从 PC 端转向了移动端，但核心的用户体验或是业务场景还是以原有的为主。有时候是模式创新，如 Microsoft 从多年的 Office 私有化服务最终转向了公有云的商业模式，并一举获得了巨大的成功。——译注

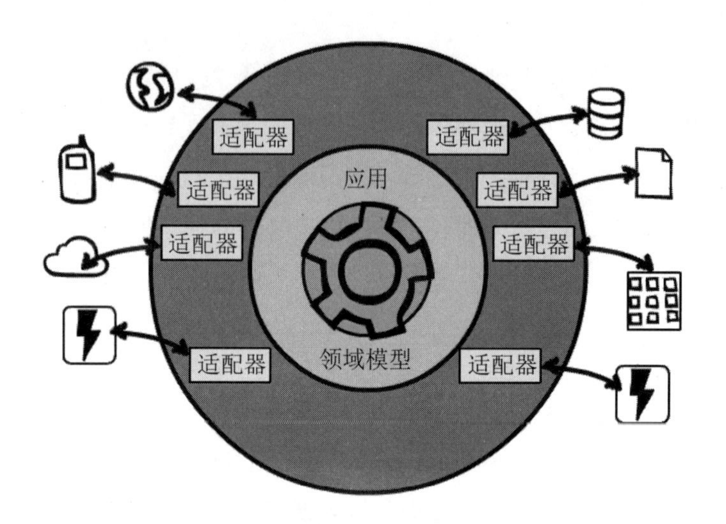

架构

还有一个你可能想了解的问题。限界上下文内会有什么？当使用端口（*Port*）和适配器（*Adapter*）[1][IDDD]的架构图时，你会发现限界上下文的组成绝不仅仅只是一个领域模型。

1 这种架构也称为六边形架构，最早由 Alistair Cockburn 提出。和传统的“数据—应用—展现”的“自下而上”的三层应用架构不同，端口和适配器的“应用—端口—适配器”是“由内向外”的三层架构。它将核心业务逻辑（应用层或领域层）和外层的 API 接口（端口层）以及外部各种具体实现的依赖（适配器层，如各种前端界面、数据库、第三服务、消息机制等）解耦开。通过依赖注入等手段让架构更具灵活性和可扩展性的同时，也让团队把更多的精力聚焦在核心的应用层（领域模型）上。Robert C. Martin 提出的整洁架构（Clean Architecture）也是此架构的变种。请参考《实现领域驱动设计》[IDDD]第 4 章的详细介绍。——译注

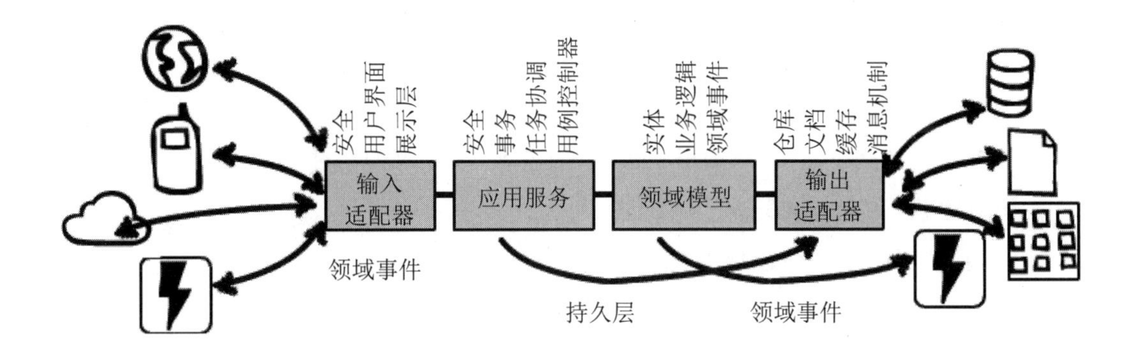

下面这些层次在限界上下文中很常见：输入适配器（*Input Adapter*），例如用户界面控制器、REST 终端节点和消息监听器；编排用例和管理事务的应用服务（*Application Service*）；我们一直关注的领域模型；还有输出适配器（*Output Adapter*），如持久化管理和消息发送器。这种架构中还有许多各种各样的层次值得大书特书，我们无法在这本浓缩过的书中详细说明。更多内容请参阅《实现领域驱动设计》[IDDD]第 4 章的相关内容。

与技术无关的领域模型

虽然在整个架构体系中遍布着各种技术，但领域模型本身与技术无关。这就是为什么事务是由应用服务管理，而不是由领域模型来管理的原因。

我们可以使用端口和适配器作为一种基础架构，但这不是在 DDD 中唯一可用的架构。除了端口和适配器，你可以在 DDD 中使用任何架构，或架构模型（或是其他），并可以根据需要进行匹配或是混合使用。

- 事件驱动架构，事件溯源[IDDD]。在本书第 6 章中将会讨论事件溯源。

- 命令和查询职责分离（CQRS）[1] [IDDD]。
- 响应式架构和 Actor 模型[2]：参阅《响应式架构：消息模式 Actor 实现与 Scala、Akka 应用集成》[Reactive]，它说明了如何结合 DDD 运用 Actor 模型。
- 具象状态传输（REST）[3] [IDDD]。
- 面向服务的架构（SOA）[4] [IDDD]。
- 《微服务设计》[Microservices]一书中解释了微服务本质上等同于 DDD 中的限界上下文，所以本书和《实现领域驱动设计》[IDDD]都是从这个视角讨论微服务开

---

1 命令与查询职责分离（Command Query Responsibility Segregation，CQRS）和传统的 CRUD 模式不一样，它把同一个模型的无副作用查询操作和改变状态的修改操作（通常称为命令）分开。两部分可以分别在不同的模块和服务实现，可以分别部署到不同的硬件或基础设施上，甚至可以使用完全不同的数据存储方式。例如，改变状态的命令经常会采用事件溯源来实现。这种架构特别适合需要高性能且查询和命令的扩展性有不同要求的应用（或者服务），它们可以根据自己的需要分别采用不同的方式进行扩展。当然，随之而来的是架构复杂性的增加，在使用之前需要谨慎地权衡，选择合适的服务或模块应用这种架构。——译注

2 在 Actor 模型中，每个 Actor 都可以被看成是一致性边界和一个独立的业务单元，可以和 DDD 中的聚合概念完美对接。——译注

3 具象状态传递（Representational State Transfer，REST）是 2000 年 Roy Fielding 博士在他的博士论文中提出来的一种软件架构风格。REST 围绕资源这个核心概念定义了一套标准的方法，而这套方法正好和 HTTP 的动词以及状态码匹配。随着互联网的发展，REST 几乎成了 API 定义以及微服务通信的事实标准。REST 会在 DDD 的上下文映射中得到应用。但需要注意的是，REST 并不是真正意义上的标准，对它的理解和实现可谓百花齐放。在使用这种风格之前，请参考 Richardson Maturity Model 和一些公开的 API 设计范例（如 GitHub API），来了解 REST 的最佳实践。此外，REST 也不是唯一的选择，还有 gRPC 和 graphQL 这样的替代方案（就像 REST 替代 SOAP 一样）。——译注

4 面向服务的架构（Service Oriented Architecture，SOA）是一个组件模型，它将应用程序的不同功能单元（称为服务）通过这些服务之间定义良好的接口和契约联系起来。我们经常会看见 SOA 和微服务的比较，但实际上微服务和 SOA 一脉相承，可以认为是 SOA 的一种特定的现代的实现。微服务相对于 SOA 更注重对独立业务单元的拆分来形成清晰的边界，并采用轻量级的通信机制，以一种更加松耦合的方式进行集成，来提供更好的扩展性和灵活性。同时，借助 DevOps 和云平台的东风，微服务可以由单个独立的小团队开发、部署和运维。因此，微服务已经成为现代分布式系统的首选架构，也成了遗留架构首选的演进和重构方向。微服务强调的服务边界和 DDD 提倡的限界上下文可谓不谋而合，因此，DDD 方法在在微服务的设计和拆分中得到了广泛的应用。——译注

发的。

- 云计算和微服务以一样的方式得到支持，同样的内容可以在本书、《实现领域驱动设计》[IDDD]以及《响应式架构：消息模式 Actor 实现与 Scala、Akka 应用集成》[Reactive]中读到。[1]

另一种关于微服务的解释也很恰当。有些人认为其实微服务要比 DDD 的限界上下文要小得多。按照这种定义，一个微服务模型只包含一个概念，并只用管理一种小类型的数据。例如，产品是一个微服务，待办项是另外一个。如果你认为这样粒度的微服务很有价值，那么你需要理解产品微服务和待办项微服务仍将存在于同一个更大的逻辑限界上下文中。[2] 即使这两个小型的微服务组件之间的区别仅仅是部署单元不一样，这也会影响它们的交互方式（参考上下文映射）。从语言学上来说，它们仍位于同一个基于 Scrum 的语境和语义边界之内。

---

1 充分利用云计算优势构建和运行的应用被称为云原生（Cloud Native）应用，企业需要借助构建和运行云原生应用和服务的平台，来自动执行并集成 DevOps、持续交付、微服务和容器等概念。微服务、事件溯源、CQRS 以及 Actor 模型这些架构都可以完美地契合云原生应用和平台。而 Amazon 加入 CNCF（Cloud Native Computing Foundation）之后，三大云平台供应商（Google、Microsoft 和 Amazon）齐齐聚首，推进了云原生的标准化和最佳实践的普及。——译注

2 经常会有一些有关于微服务粒度的讨论，也会有人质疑某个微服务太大或是太小，在这里我们希望重申的观点是，微服务的边界（粒度）是一个设计决策，而没有一个标准答案。因此，我们鼓励对微服务划分的质疑，也鼓励针对划分的探讨。但微服务划分归根结底是架构设计，因此，你需要着重从以下几点展开思考：首先是现有架构间的依赖关系，其次是业务上的可扩展性，再次是团队目前的人员能力，最后则是在实现过程中可能遇到的风险与挑战。这些划分的依据往往也是我们在 DDD 中对上下文和子域进行划分时需要考虑的问题。——译注

本章小结

总结一下，本章你学习了：

- 包括在一个模型中放入太多概念和创造“大泥球”的一些主要陷阱。
- DDD 战略设计的应用。
- 限界上下文与通用语言的用法。
- 如何质疑你的假设并统一心智模型。
- 如何发展通用语言。
- 限界上下文中架构组件的相关内容。
- 自己实践 DDD 并不会太难！

想要更深入地了解限界上下文，请参阅《实现领域驱动设计》[IDDD]第 2 章的相关内容。

第 3 章

运用子域进行战略设计

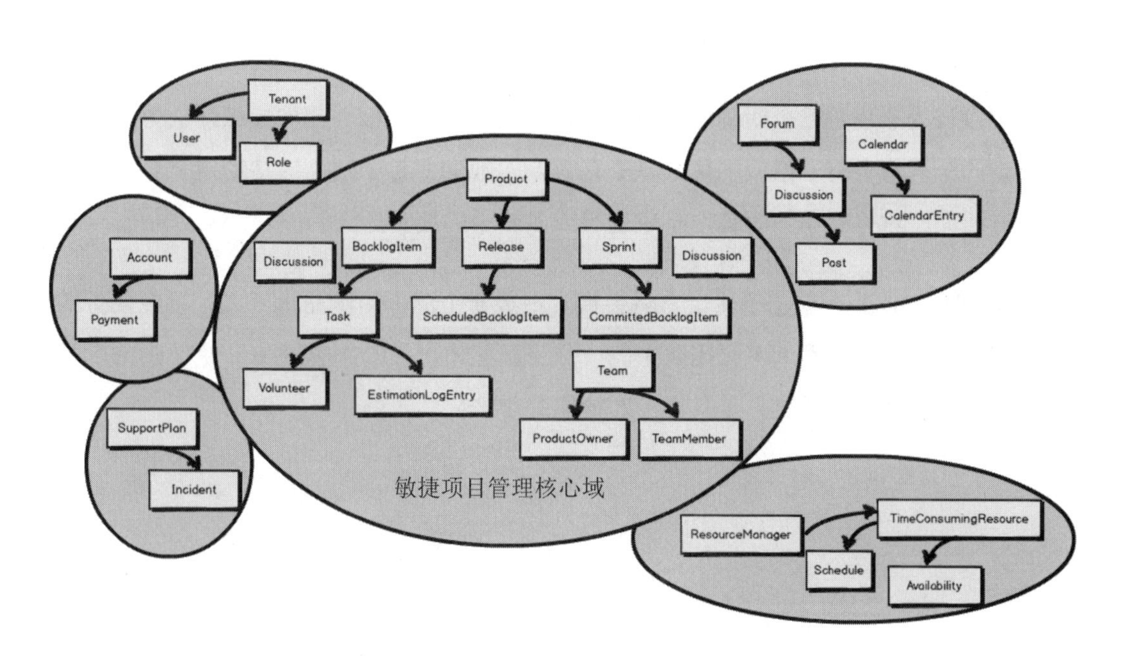

DDD 项目中总会碰到很多限界上下文（*Bounded Contexts*）。这些上下文中一定有一个将成为核心域（*Core Domain*），而其他的限界上下文之中也会存在许多不同的子域（*Sub Domain*）。第 2 章中，你已经了解了通过特定的通用语言来划分不同模型，并形成多个限界上下文的重要性。上图中有六个限界上下文与六个子域。正是因为采用了 DDD 的战略设计，团队方能实现最佳的建模成果：限界上下文与子域之间一一对应。换句话说，敏捷项目管理核心即一个清晰的限界上下文，也是一个清晰的子域。在某些情况下，一个限界上下文中有可能存在多个子域，但这并非是最理想的建模结果。

什么是子域

简单地说，子域是整个业务领域的一部分。你可以认为子域代表的是一个单一的、有逻辑的领域模型。大多数的业务领域都过于庞大和复杂，难以作为整体来分析，因此我们一般只关心那些必须在单个项目中涉及的子域。子域可以用来逻辑地拆分整个业务领域，这样才能理解存在于大型复杂项目中的问题空间。

也可以认为子域是一个明确的专业领域，假设它负责为核心业务提供解决方案。这意味着特定的子域将会有一位或多位领域专家领衔，他们非常了解由这些特定子域促成的业务的方方面面。对你的业务而言，子域也有或多或少的战略意义。

如果通过 DDD 来创建子域，它将会被实现成一个清晰的限界上下文。特定业务的领域专家将会成为共建限界上下文团队中的一员。虽然使用 DDD 来建立一个清晰的限界上下文是最佳选择，但有时这只是我们一厢情愿的想法。

子域类型[1]

项目中有三种主要的子域类型：

- 核心域（*Sub Domain*）：它是一个唯一的、定义明确的领域模型，要对它进行战略投资，并在一个明确的限界上下文中投入大量资源去精心打磨通用语言。它是组织中最重要的项目，因为这将是你与其他竞争者的区别所在。正是因为你的组织无法在所有领域都出类拔萃，所以必须把核心域打造成组织的核心竞争力。做出这样的决定需要对核心域进行深入的学习与理解，而这需要承诺、协作与试验。这是组织最需要在软件中倾斜其投资的方向。后面的章节中会提供加速与高效管理这些项目的方法。
- 支撑子域（*Supporting Subdomain*）：这类建模场景提倡的是“定制开发”，因为找不到现成的解决方案。对它的投入无论如何也达不到与核心域相同的程度。也许会考虑使用外包的方式实现此类限界上下文，以避免因错误地认为其具有战略意义而进行巨额的投资。这类软件模型仍旧非常重要，核心域的成功离不开它。
- 通用子域（*Generic Subdomain*）：通用子域的解决方案可以采购现成的，也可以采用外包的方式，抑或是由内部团队实现，但我们不用为其分配与核心域同样优质的研发资源，甚至都不如支撑子域。请注意不要把通用子域误认为是核心域。我们并不希望对其投资过甚。当讨论一个正在实施 DDD 的项目时，最有可能讨论的是核心域。

---

1 子域的划分，不仅仅涉及实现方式、投资规模，同时还会影响组织的架构、流程。因此，合理的子域划分，以及每个子域恰当的定位，是产品得以顺利发展的重要因素。因此我们需要更好地理解这三种子域的定位。核心域是产品独特的竞争力，它是产品之所以存在的根本。因此在产品的初期，没有经过市场的验证之前，我们需要遵循 MVP（Minimum Viable Product）的原则，快速地迭代以获取市场的反馈，一旦产品被市场证明，合理的重构即需要被发生。支撑子域不需要过度地考虑可扩展性和兼容性，可重用性并非其技术着力的方向，可替代性才是，这也要求我们需要对于支撑子域有着明确的契约规范和业务约束条件。通用子域内的业务规则相对明确，在很多产品和业务上下文中保持高度的重合度，因此我们需要通过快速的采购获取，我们对其定制化要求较低，而稳定性和兼容性则要求较高。——译注

应对复杂性

业务领域中的某些系统边界将非常可能是遗留系统，它们也许是由你的组织构建的，也许是通过购买软件许可的方式获得的。此时，可能无法对这些遗留系统进行任何改造，但当它们对核心域产生影响时，就需要我们认真对待。为此，子域可以作为讨论问题空间的工具。

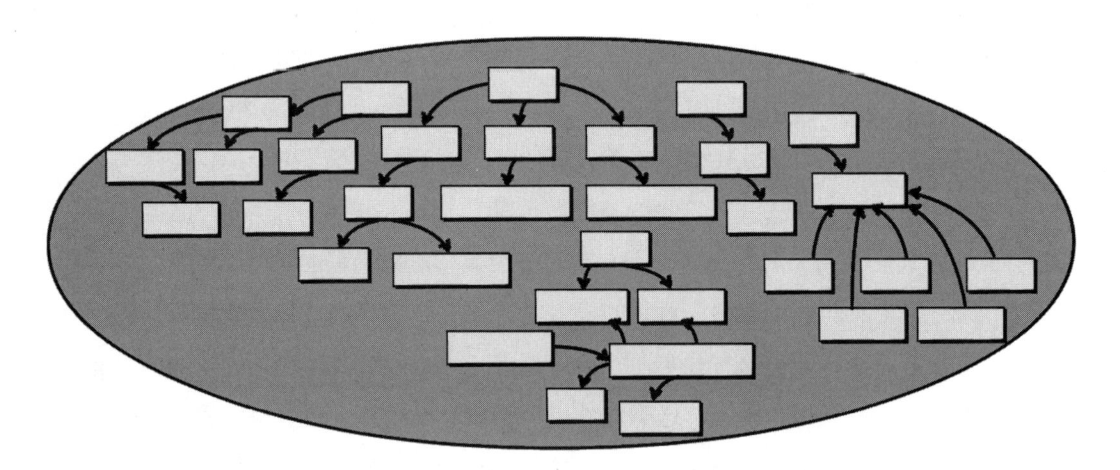

不幸的是，事与愿违，有些遗留系统与强调限界上下文的 DDD 设计方式大相径庭，甚至可以称之为无边界（*unbounded*）遗留系统。这样的遗留系统正是我提到的“大泥球”。事实上，“大泥球”内充满了多个错综复杂的模型，这些模型本应被分别设计并实现，但当它们纠缠在一起时，整个系统会乱成一团。

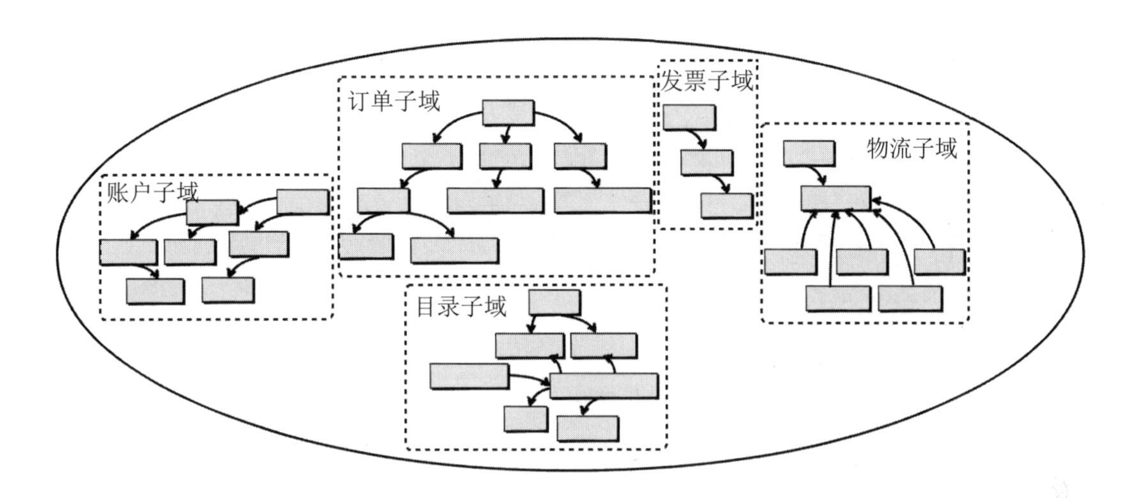

换言之，当我们在讨论某个遗留系统时，其中可能会包含一些甚至许多逻辑领域模型。我们将每个逻辑域模型当成一个子域对待。上图中，无边界遗留单体大泥球中，每个逻辑子域都已经被虚线框标记出来。共有五个逻辑模型或子域。这样处理逻辑子域的方式有助于我们应对大型系统的复杂性。这很有意义，因为我们可以像使用 DDD 和多个限界上下文应对问题空间一样，为其提供解决方案。

如果使用分开的通用语言思考，可能遗留系统就不会成为单体大泥球，这至少也可以帮助我们理解如何与它进行集成。使用子域来思考和讨论此类遗留系统有助于我们应对大型错综复杂模型的残酷现实。当使用这类工具时，我们可以明确那些对业务更有价值、对项目更重要的子域，而其他子域可以降低到次要位置。

考虑到这一点，甚至可以通过同样的简单图表展示团队准备或正在构建的核心域。这将帮助你了解子域间的关联与依赖。更多的细节内容将留到上下文映射（*Context Mapping*）中介绍。

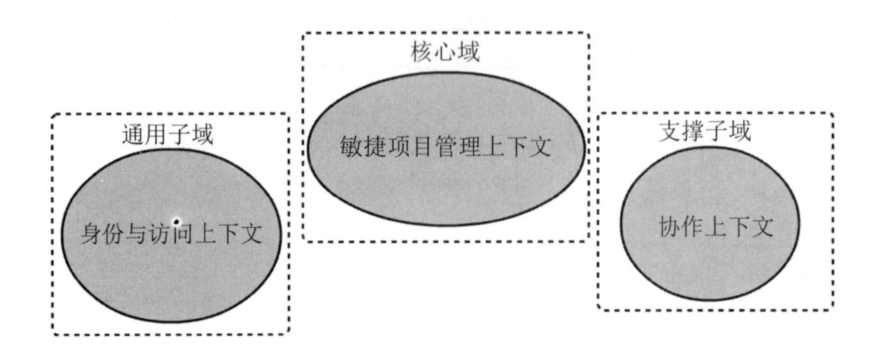

当使用 DDD 时，限界上下文应该与子域一一对应（1:1）。也就是说，如果存在一个限界上下文，那么它的目标就应该是对应且只对应一个子域模型。想要始终做到这一点很难，但在可能的前提下，尽量以这种方式去建模很重要。这样可以使限界上下文清晰并且始终专注于核心战略举措。

如果必须在同一个限界上下文（核心域）中创建第二个模型，应该使用一个完全独立的模块将该模型从核心域中分离出来[IDDD]（DDD 的模块基本上等同于 Scala 和 Java 中的包，或者是 F#和 C#的命名空间）。DDD 通过清晰的语言声明了一个模型是核心，而另一个只是它的支撑。我们可以在解决方案空间中使用分离子域这种特殊方法。

本章小结

在本章中，已学习到：

- 什么是子域，如何在问题空间与解决方案空间中使用子域。
- 核心域、支撑子域、通用子域之间的区别。
- 如何使用子域应对与大泥球的集成。
- DDD 限界上下文与单个子域一一对应的重要性。
- 当无法将支撑子域与核心域拆成两个限界上下文时，应该如何使用 DDD 模块分离它们。

期待进一步了解子域，请参阅《实现领域驱动设计》[IDDD]的第 2 章。

第4章

运用上下文映射进行战略设计

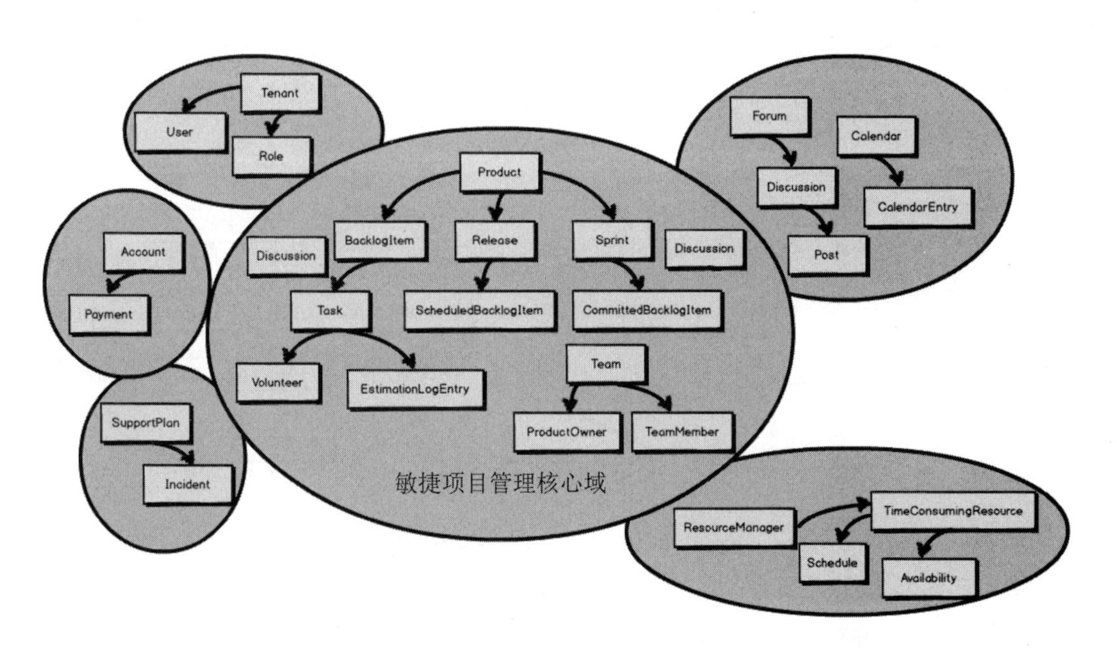

在前面的章节中，已经了解到除了核心域（*Sub Domain*）之外，每个 DDD 项目还关联着多个限界上下文。所有不属于敏捷项目管理上下文（即核心域）的概念都会被迁移到其他某个限界上下文之中。

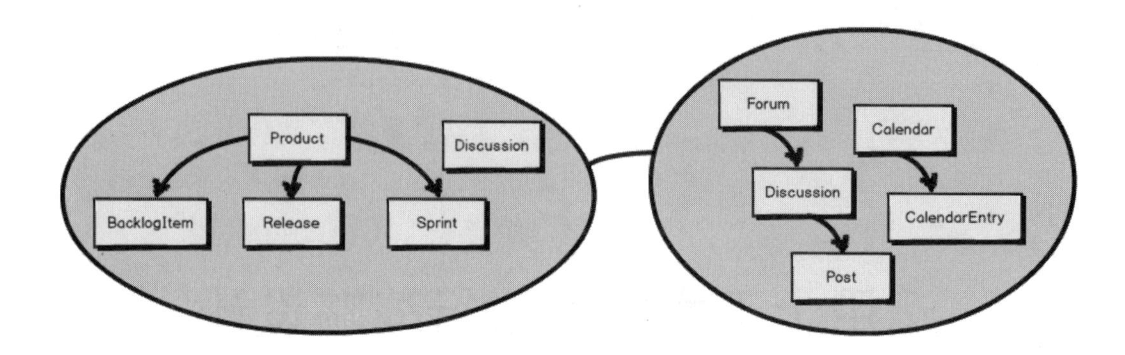

还了解到，敏捷项目管理核心域必须和其他限界上下文进行集成。这种集成关系在DDD中称为上下文映射（*Context Mapping*）。你可以在上面的上下文映射图（*Context Map*）中看到，`Discussion`同时存在于两个限界上下文（*Bounded Context*）之中。回忆一下，这是因为协作上下文是`Discussion`的来源，而敏捷项目管理上下文是`Discussion`的消费者。

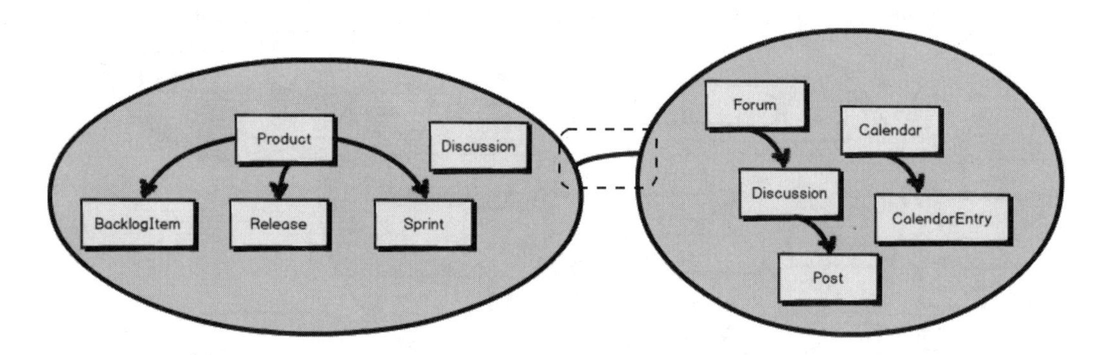

上图中，上下文映射用虚线框里的线段表示（虚线框不是上下文映射的一部分，只是用于强调中间的线段）。实际上，连接两个限界上下文之间的这条线段就代表了上下文映射。换句话说，这条线段表示这两个限界上下文之间存在着某种形式的映射，包括两个限界上下文之间的集成关系以及团队间的动态关系。

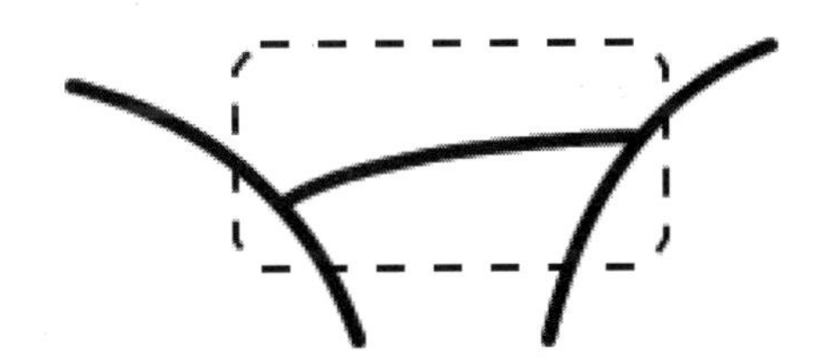

考虑到两个不同的限界上下文中存在着两种通用语言（*Ubiquitous Language*），这条线段也代表着两种语言之间的转译过程。举个例子，假设有两个团队需要一起工作，但他们位于不同的国家，讲不同的语言。为了解决沟通问题，要么在两个团队间设置一名翻译，要么其中一个团或者全部两个团队需要熟练掌握对方的语言。找一名翻译更容易一些，但各方面的开销会显著增加。例如，想一想下面这个场景中所消耗的额外时间：一个团队需要先和翻译沟通，然后由翻译转述给另一个团队。这样做刚开始可能还行，但过一段时间就变成了麻烦。尽管如此，相比学习和接受一门外语并在两者之间来回切换，这些团队可能会认为请翻译是一个更好的解决方案。这还只是涉及两个团队的关系，如果还有更多其他团队参与进来又会怎么样？类似地，将一种通用语言翻译成另一种时，或者以其他某种方式适应另一种通用语言时，也要做出同样的权衡。

当我们谈论上下文映射时，我们感兴趣的是连接任意两个限界上下文之间的这条线段究竟代表的是哪种类型的团队间关系和集成关系。它们之间定义清晰的边界和契约可以随着时间发生可控的变化。这条线段表示各种各样的上下文映射，包括团队间的和技术上的。在某些情况下，团队间关系和集成映射会被混合在一起。

映射的种类

上下文映射线段能代表哪些关系和集成？现在我将为你一一介绍。

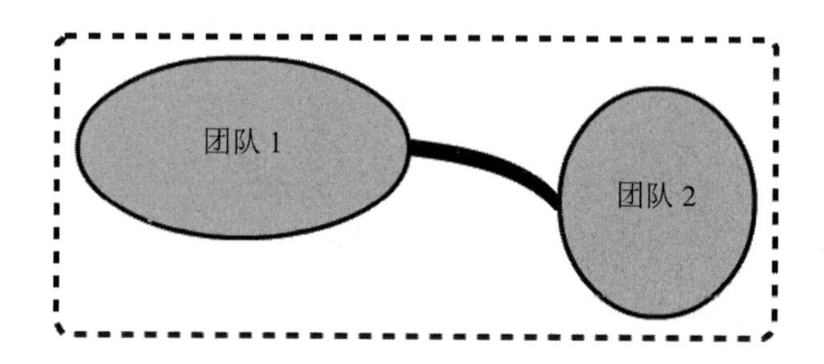

合作关系

合作关系（*Partnership*）关系存在于两个团队之间。每个团队各自负责一个限界上下文。两个团队通过互相依赖的一套目标联合起来形成合作关系。一损俱损，一荣俱荣。由于相互之间的联系非常紧密，他们经常会面对同步日程安排和相互关联的工作，他们还必须使用持续集成[1]对保持集成工作协调一致。两个团队之间的一致步调使用粗的映射线段表示。粗线段表示两个团队彼此需要高度承诺。

保持长期的合作关系很有挑战性，因此许多进入合作关系的团队可能会尽最大努力为这种关系设置一个期限。只有在能发挥彼此优势时才维持合作关系，而随着承诺的消失，这些优势会不复存在，而这种合作关系应该被重新映射成另外的一种关系。

---

1 Martin Fowler 对持续集成的定义是：持续集成是一种软件开发实践，即团队开发成员经常集成他们的工作，通常每个成员每天至少集成一次，也就意味着每天可能会发生多次集成。每次集成都通过自动化的构建（包括编译、发布、自动化测试）来验证，从而尽快地发现集成错误。许多团队发现这个过程可以大大减少集成的问题，让团队能够更快地开发内聚的软件。这里介绍的上下文映射本质就是一种集成关系，因此持续集成的实践活动对几乎所有的上下文映射关系而言都是不可或缺的。——译注

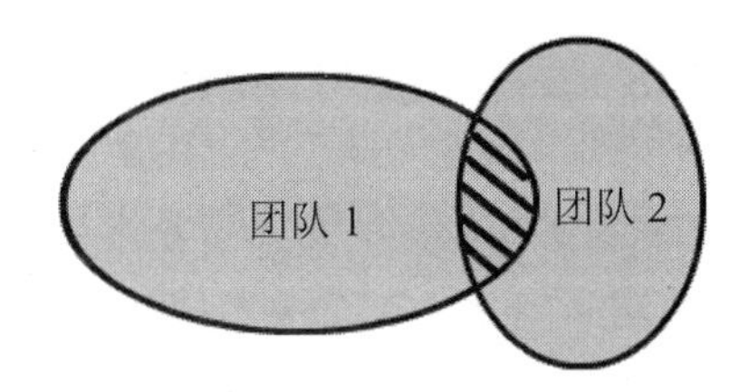

共享内核

共享内核（*Shared Kernel*）用上图中两个限界上下文的交集表示，它描述了这样一种关系：两个（或更多）团队之间共享着一个小规模但却通用的模型。团队必须就要共享的模型元素达成一致。有可能它们当中只有一个团队会维护、构建及测试共享模型的代码。共享内核通常一开始很难理解，也很难维护，这是因为团队之间的沟通必须完全开放，而且他们必须就共享模型的构成不断地达成一致[1]。但是，只要所有参与者都认同共享内核比各行其道[2]（参见后面的小节）的方式更好，就有可能获得成功。

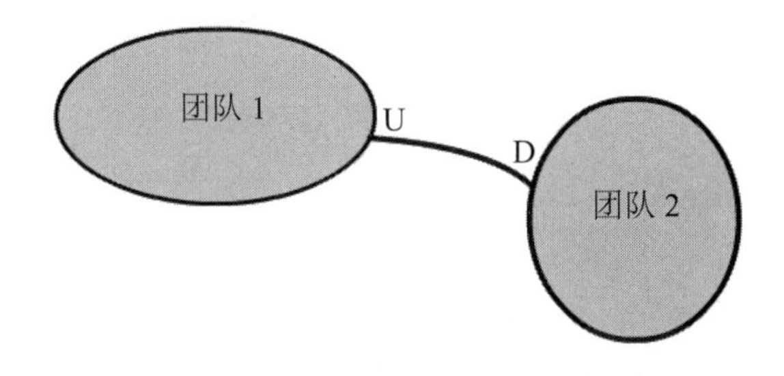

1 共享内核常见的一种方式就是将通用模块通过二进制依赖（如 JAR 包或者链接库）的方式共享给所有上下文使用。正如书中所说，持续地就修改进行开放式沟通并达成一致是很困难的，效率也很低。但蓬勃发展的开源软件社区却给我们做出了表率。大部分的开源软件都以二进制库的形式发布，开发者们也很难有直接面对面的沟通机会，但它们的发展和演进一点也不慢。开源软件开发者们会使用各种约定和相应实践进行沟通协作，使用 GitHub 的拉取请求（Pull Request）来审查代码并接受贡献，或是使用长期支持版本（Long Term Support，LTS）保持固定发布节奏给下游预留升级时间，又或是使用语义化版本（Semantic Version）向下游宣告破坏性修改。因此，越来越多的企业向开源社区学习，搭建基础设施和平台，建立企业的“内源”（内部开源）社区来开鼓励开发团队更高效地进行跨团队的协作。在译者所著的《代码管理核心技术及实践》中有关于“内源”社区的介绍。——译注

2 Separate Ways，借鉴了《领域驱动设计》中的译法，和《实现领域驱动》[IDDD]中的译法“另谋他路”同义。——译注

客户—供应商[1]

客户—供应商（*Customer-Supplier*）描述的是两个限界上下文之间和两个独立团队之间的一种关系：供应商位于上游（图中的 U），客户位于下游（图中的 D）。支配这种关系的是供应商，因为它必须提供客户需要的东西。客户需要与供应商共同制订规划来满足各种预期，但最终却是由供应商来决定客户获得的是什么以及何时获得[2]。即便是来自于同一个组织的团队，只要企业文化不允许供应商完全自治或无视客户的实际需求，客户—供应商关系也是一种非常典型且现实的关系。

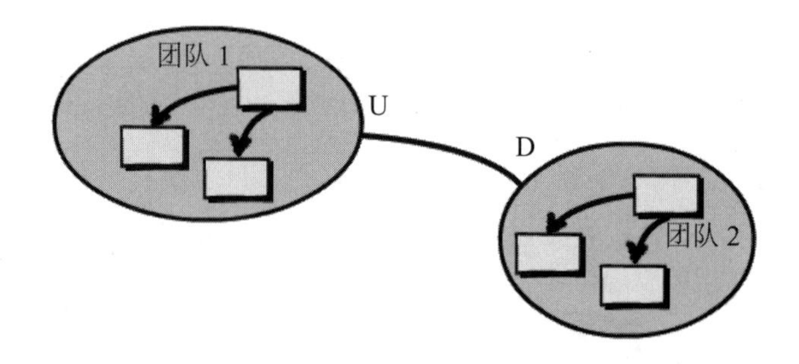

1 此处借鉴了《领域驱动设计》中的译法，和《实现领域驱动》[IDDD]中的“客户方—供应方开发（Customer-Supplier Development）”是同样的含义。——译注

2 和共享内核的映射关系一样，保持客户和供应商之间持续开放的沟通也很重要，持续沟通才能保障供应商按照客户的预期提供集成所需的接口。存在这种集成关系的团队常常会采用一种被称为消费者驱动契约（Consumer Driven Contract，CDC）的实践，通过契约测试来保证上游（生产者或供应商）和下游（消费者或客户）之间的协作。而利用一些工具（如 Pact），客户可以在进行测试时，将对供应商接口的期望记录下来，并将其变成供应商的接口测试，作为供应商持续集成流水线的一部分持续地进行验证。这样供应商可以随时了解自己提供的接口实现是否满足了客户期望。关于消费者驱动契约和契约测试的介绍请参考《微服务设计》[Microservices]第 7 章。关于 Pact 的使用请参考官方文档。——译注

跟随者[1]

跟随者（*Conformist*）关系存在于上游团队和下游团队[2]之间，上游团队没有任何动机满足下游团队的具体需求。由于各种原因，下游团队也无法投入资源去翻译上游模型的通用语言来适应自己的特定需求，因此只能顺应上游的模型。例如，当一个团队需要与一个非常庞大复杂的模型集成，而且这个模型已经非常成熟时，团队往往会成为它的跟随者[3]。例子：在作为亚马逊联盟的卖家进行集成时就需要考虑遵循 Amazon.com 的模型。

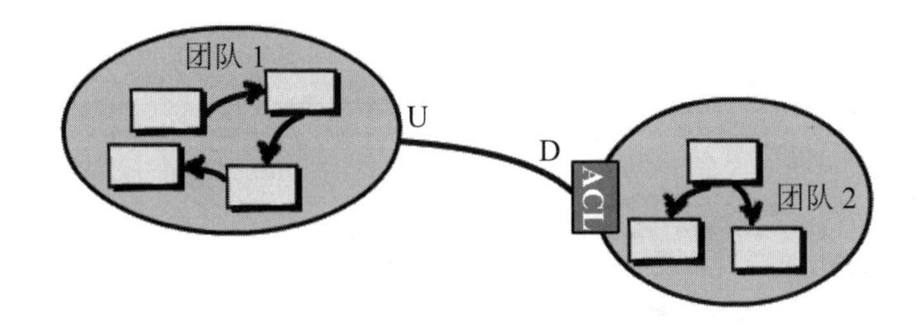

1 此处借鉴了《领域驱动设计》[DDD]中的译法，和《实现领域驱动》[IDDD]中的"遵奉者"同义。——译注

2 很多成对的词语可以表示这种下游依赖上游的类似关系，如："客户"和"供应商"、"客户端"和"服务端"、"消费"和"生产"，"订阅"和"发布"。这些词语绝大部分情况下在本书中会成对地出现。但有时词语对并不完全"对称"，比如"上游"和"消费"，读者可以结合当时语境理解。——译注

3 这种关系对跟随者来说是一把双刃剑。跟随者一方面可以借助上游的生态圈快速地获得用户和流量。而另一方面，跟随者也要严格地遵循上游制订的"游戏规则"，而破坏规则将使自己处于非常被动的境地。比如，在国内的移动开发中，无论是 iOS 或是 Android，开发者都特别热衷于实现"动态化"方案，在应用中动态下发和执行代码。这样的方式会使用未公开的隐藏接口，甚至是操作系统的漏洞。一旦这些漏洞和接口被修复或关闭（Apple 和 Google 已经开始这样做了），这些方案将完全失效。无论是出于何种原因（比如快速修复线上问题的 Hotfix），采用这种映射关系将自己的核心域作为上游规则"漏洞"的附庸，实在是不明智的选择。——译注

防腐层[1]

防腐层（*Anticorruption Layer*）是最具防御性的上下文映射关系，下游团队在其*通用语言*（模型）和位于它上游的*通用语言*（模型）之间创建了一个翻译层。*防腐层*隔离了下游模型与上游模型，并完成两者之间的翻译。所以，这也是一种集成的方式。

但凡有可能，你就应该尝试在下游模型和上游集成模型之间创建一个*防腐层*，这样才可以在你这端的集成中创造出特别适合业务需求的模型概念，并将外部概念完全地隔离。然而，就像为两个讲不同语言的团队雇佣翻译来解决沟通问题一样，在某些情况下各方面的成本会水涨船高。

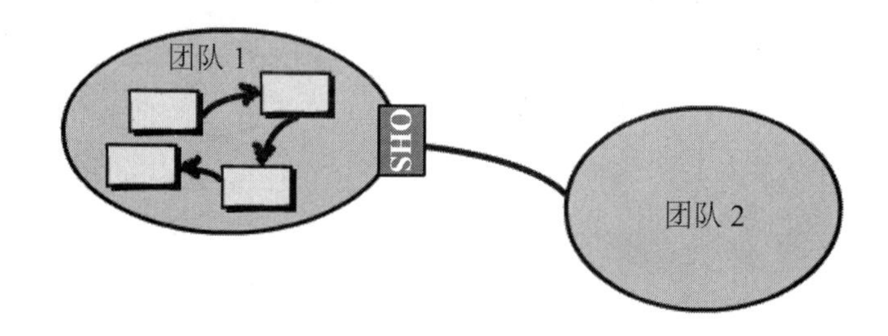

1 防腐层可以说是最常见的一种阻止外部技术偏好或领域模型侵入的设计模式。几乎没有什么问题是一个防腐层解决不了的。API 网关就是一种防腐层的具体实现。例如，AWS API Gateway 有一项重要的功能就是要对一些服务端点的请求和响应进行转换，我们可以将外部 REST API 返回的数据通过 AWS API Gateway 重新映射，变成我们期望的符合业务模型的事件或者响应数据。另外，在对遗留单块系统进行拆分时，防腐层也发挥着巨大的作用。有一种对付单块系统的重构方式叫作“抽象分支”（Branch by Abstraction），其中从要拆分的模块中提取出的抽象层就发挥着防腐层的作用，在重构的过程中抵挡着未拆分部分对重构工作的腐蚀。这种修缮者模式的具体介绍，请参考《服务拆分与架构演进》。——译注

开放主机服务[1]

开放式主机服务（*Open Host Service*）会定义一套协议或接口，让限界上下文可以被当作一组服务访问。该协议是“开放的”，所有需要与限界上下文进行集成的客户端都可以相对轻松地使用它。通过应用程序编程接口（API）提供的服务都有详细的文档，用起来也很舒服。即使是处在类似图中团队 2 的位置，也没有时间在这端的集成中创建隔离用的防腐层，和许多可能遇到的遗留系统相比，作为团队 1 模型的跟随者更容易被接受。可以说，开放主机服务的语言比其他类型的系统语言更易用。

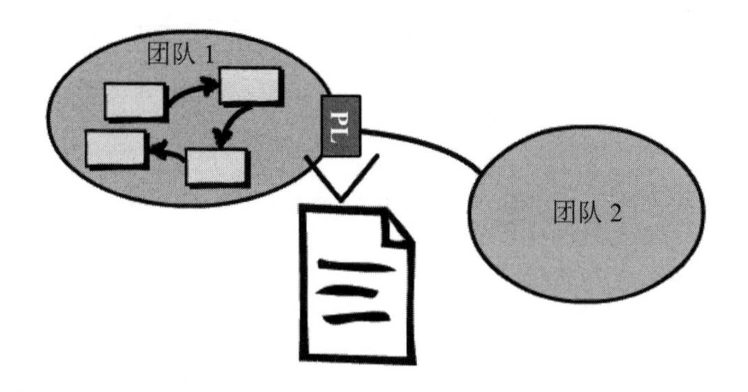

已发布语言[2]

上图中展示的已发布语言（*Published Language*）是一种有着丰富文档的信息交换语言，可以被许多消费方的限界上下文简单地使用和翻译。需要读写信息的消费者们可以把共享语言翻译成自己的语言，反之亦然，而在此过程中它们对集成的正确性充满信心。这种已

---

1 REST 服务就是一种最常见的开放主机服务实例。实现开放主机服务相对来说是一种成本较高的集成方式。它的 API 要提供给许多下游上下文使用，这就要求接口实现要做到足够的兼容性、可伸缩性、健壮性。同时，开放主机服务还要提供易用的文档，因此通常会和已发布语言一起使用，采用主流协议来定义 API。这是一种特别适合快速扩张形成生态的方式，我们看到 API 已经变成了主流互联网公司的标配，帮助它们牢牢地把持着自己的生态圈和开发者社区。我们也观察到一些传统的大型企业也在利用 API 和服务化治理整合内部资源，请参考《数字化企业的 API 架构治理》。——译注

2 此处借鉴了《领域驱动设计》中的译法，和《实现领域驱动》[IDDD]中的“发布语言”同义。——译注

发布语言可以用 XML Schema、JSON Schema 或更佳的序列化格式定义，比如 Protobuf 或 Avro[1]。通常，同时提供和使用已发布语言的开放主机服务可以为第三方提供最佳的集成体验。这种结合使得两种通用语言之间的转译非常方便。

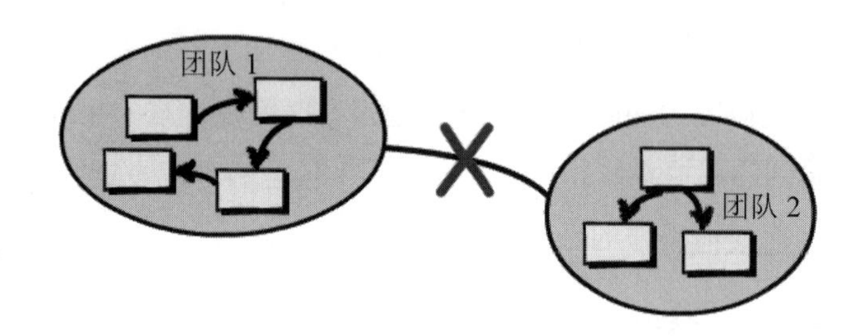

各行其道[2]

各行其道（*Separate Way*）描述了一种情况，使用各种通用语言来与一个或多个限界上下文集成这样的方式不能产生显著的回报。也许你所寻求的功能并不能由任何一种通用语言提供。在这种情况下，只能在限界上下文中创造属于自己的特殊解决方案，并放弃针对这种特殊情况的集成。

1 Protocol Buffers，简称 Protobuf，是 Google 开源的数据交换标准，用于定义数据传输和持久化的报文格式。Avro 是 Apache Hadoop 的一个子项目，是一种远程过程调用和数据序列化框架。除了书中提到的这两种新的序列化协议，另一种新的"查询语言" GraphQL 也在逐渐流行起来。它由 Facebook 开源，具备类型安全、内省、文档生成和可预测响应等优势，非常适合对数据有不同要求的各种客户端。有兴趣的读者可以参考其中文网站。——译注

2 各行其道意味着两个上下文之间根本没有关系，不需要控制，也不需要承诺。在一个复杂的模型中，一定存在着许多上下文，而大部分上下文之间应该是没有直接依赖关系的。例如，第 3 章中的一个关于子域的例子里，账户子域（上下文）和物流子域（上下文）之间就没有直接联系。如果任何两个上下文之间都有直接联系，整个模型就要走向另一个极端：大泥球。两个上下文之间没有任何依赖，自由地独立演进，这应该是我们最希望的。因此，在可能的情况下，我们应该把两个上下文分开，让它们各行其道。——译注

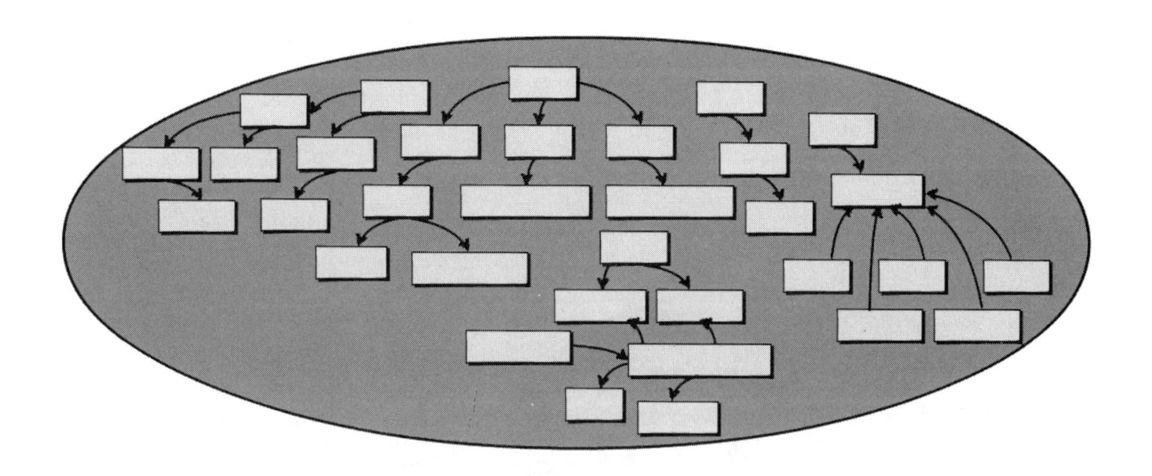

大泥球

在第 3 章中，已经学到了很多关于大泥球（*Big Ball of Mud*）的知识，但这里要强调在处理大泥球或者要和它进行集成时可能面临的严重问题。制造大泥球这种事应该人人避之唯恐不及。

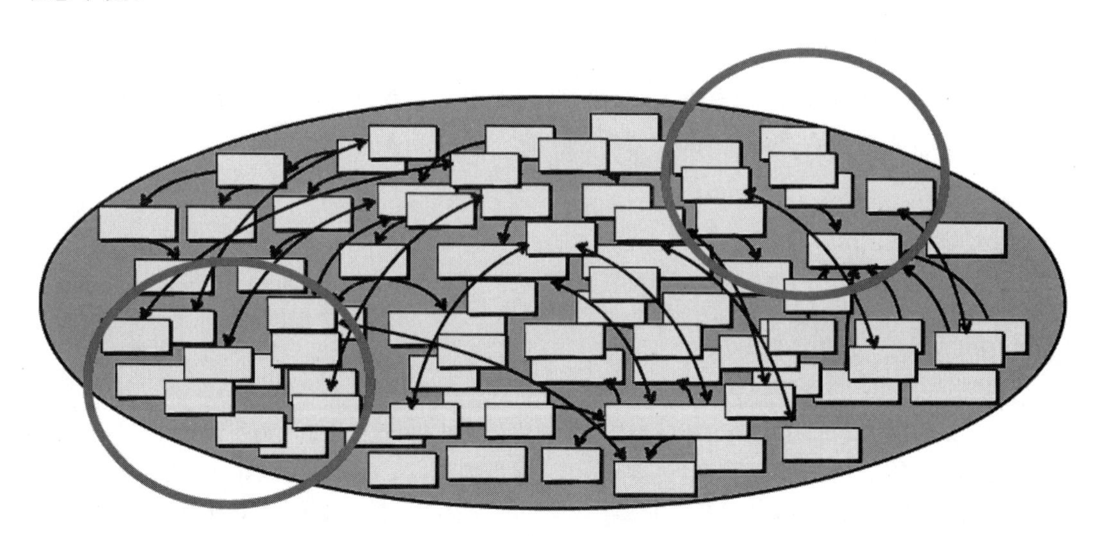

假如这还不够让你警醒，下面描述的是如何一步一步把系统推向大泥球深渊：（1）越来越多的聚合因为不合理的关联和依赖而交叉污染。（2）对大泥球的一部分进行维护就会牵一发而动全身，解决问题就像在“打地鼠”。（3）只剩下“部落知识”和“个人英雄主义”，唯有同时“讲”出所有语言的极个别“超人”方能扶大厦之将倾[1]。

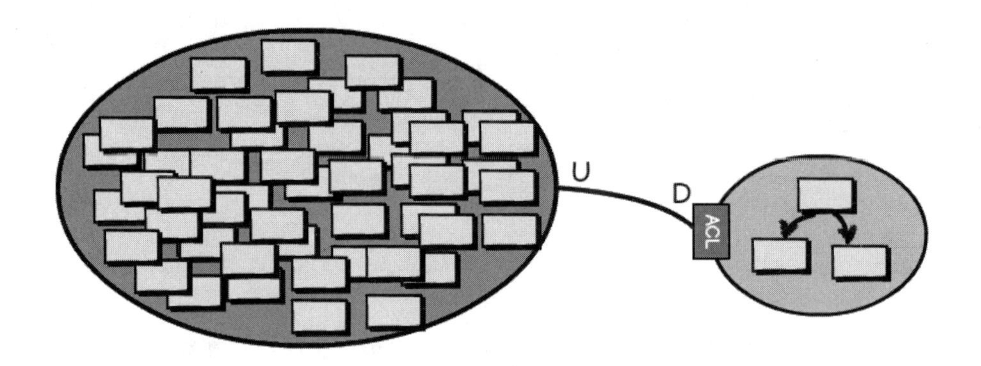

问题是，大泥球已经遍布于世界上的软件系统中，这个数量还铁定会逐月增长。即使可以通过采用 DDD 技术避免创建自己的大泥球，仍可能不得不与它们集成。如果必须与一个或多个这样的大泥球系统集成，请尝试针对每个这样的遗留系统创建一个防腐层，保护自己的模型免受污染，否则会陷入难以理解的泥潭。不管怎样，别“讲”这种语言！

---

1 Tribal Knowledge，是指一种仅存在于某个部落中的信息或知识，这些知识不为外界所知，没有正式记录，只能口口相传。当系统发展到这个大泥球程度，可以想象，参与到其中的每个团队甚至每个人都有着自己对模型的理解和定义，就像一个个坐井观天的小“部落”一样讲着只有自己能懂的语言。只有极个别充满“个人英雄主义”的架构师能够理解不同小团队或个人的不同语言，苦苦地支撑着脆弱的系统。如果这少数几个架构师失去了坚持下去的勇气或者离开了团队（这很可能会发生），整个系统将完全无法维护，很快会落得重写的结局。最差的情况是，团队连重写的勇气都没有，只能默默地祈祷系统可以苟延残喘。——译注

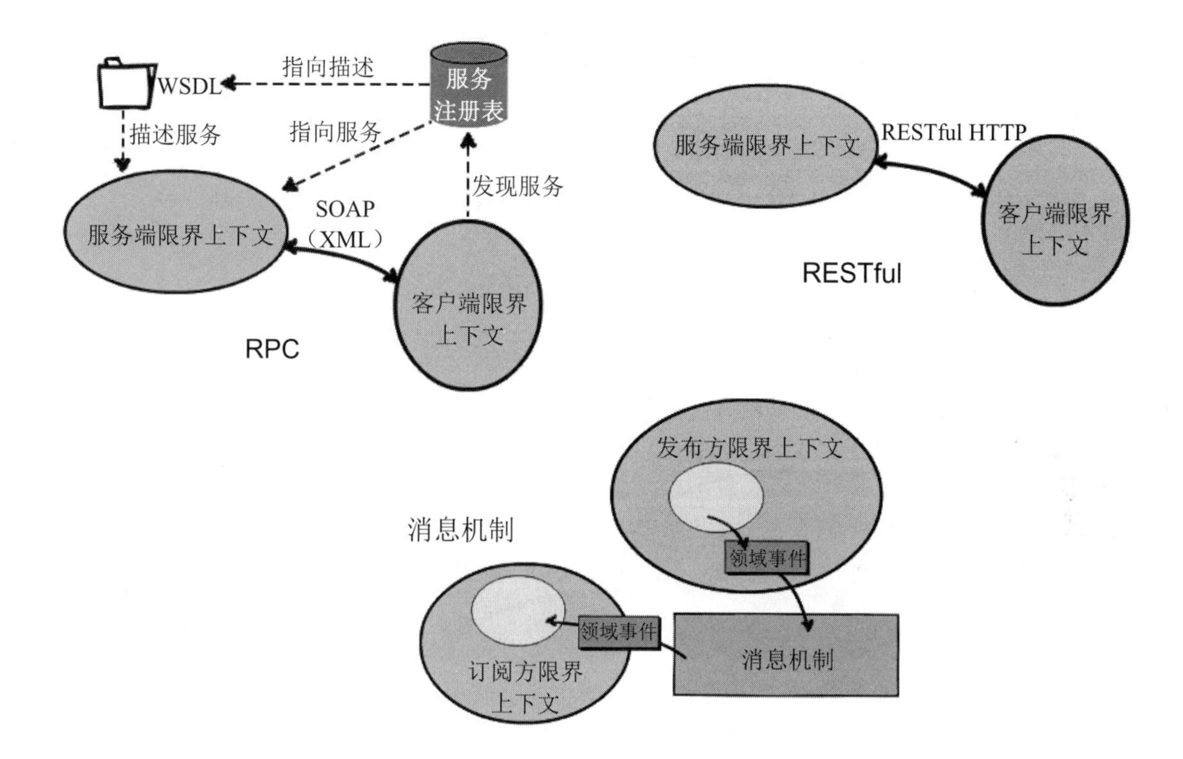

善用上下文映射

你可能想知道提供什么样的特定接口才能和指定的限界上下文进行集成。这取决于负责这个限界上下文的团队提供的是什么。它可以是基于 SOAP 的 RPC，也可以是基于资源的 RESTful 接口，抑或是使用队列或发布订阅的消息机制。最不济你会被迫使用数据库或文件系统进行集成，让我们祈祷这种情况不会发生。基于数据库的集成方式是一定要避免的[1]，如果不得不以这种方式进行集成，请务必通过防腐层来隔离要去集成和适配的模型。

我们来看看三种更可靠的集成类型。我们将按照健壮性逐步加强的方式介绍这三种集成方式。首先我们介绍的是 RPC，接下来是 RESTful HTTP，最后是消息机制。

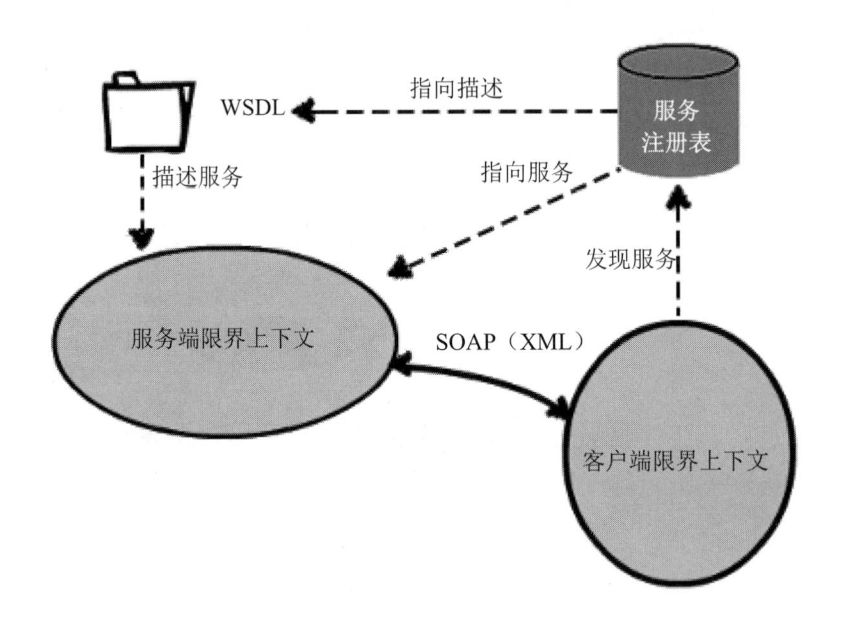

基于 SOAP 的 RPC

远程过程调用（Remote Procedure Call，RPC）能以多种方式工作。一种流行的方式是

1 共享数据库的集成方式看起来简单直接，实现起来很快。因此，它曾经是一种颇受欢迎的集成选择。然而，随着它暴露的问题越来越多，现在已经变成了一种反模式。首先，它是单点故障和性能瓶颈的源头。此外，它违背了“高内聚、低耦合”的设计原则。多个消费方上下文和一种具体的数据库技术实现（如关系型数据库）紧密地耦合在了一起，对数据库的任何调整将会导致霰弹式修改。而消费方上下文也受到数据库内部细节和技术选型的干扰。选择这种方式的结果就是所有消费方上下文最后都会骑虎难下，不敢做出任何修改。——译注

通过简单对象访问协议（Simple Object Access Protocol，SOAP）使用 RPC[1]。基于 SOAP 的 RPC 背后的思路是让调用另一个系统的服务如同调用一个本地过程或方法那样简单。然而，SOAP 请求必须通过网络传播才能抵达远程系统，成功执行并再次通过网络返回结果。在一开始实施这种集成方式时就要承受网络彻底瘫痪的风险，或者至少要承受意外的网络延迟。另外，基于 SOAP 的 RPC 还意味着客户端限界上下文和提供服务的限界上下文之间存在着紧耦合。

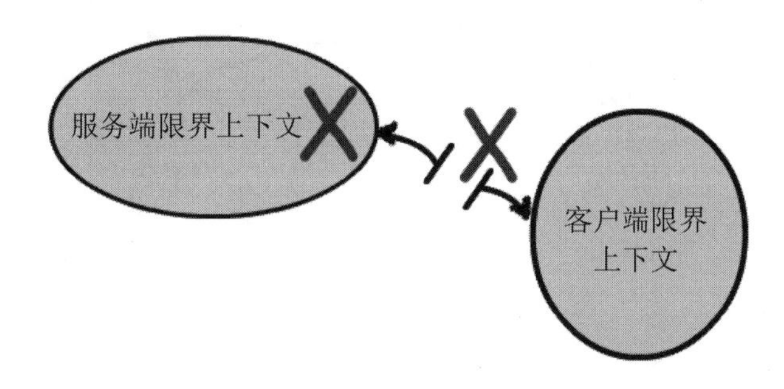

RPC 的主要问题是，无论是使用 SOAP 或是其他方法，它都缺乏健壮性。如果网络出现问题或者托管 SOAP API 的系统出现问题，那么看似简单的过程调用将完全失败，只会留下错误的结果。不要被看似易用的表面所迷惑。

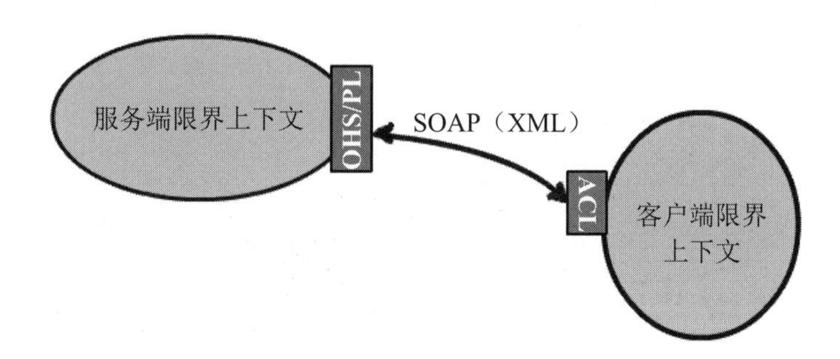

1 SOAP 这种 RPC 方法有些历史了，现在提起 RPC 我们更可能想到的是 gRPC 和 Thrift。相较于 SOAP，这些现代的 RPC 机制能更友好地支持更多的编程语言，对使用者的侵入性更低。它们采用了比 XML 效率更高的数据序列化格式和现代的传输协议（如 HTTP/2），能够有效地降低延迟。因此，如果选择 RPC 作为集成方式，应该考虑采用这些现代的 RPC 机制。——译注当 RPC 有效时——大部分时间它都是有效的——它是一种非常实用的集成方式。当我们可以影响服务端限界上下文的设计时，如果它有一个设计良好的 API 使用已发布语言来提供开放主机服务，那就最好不过了。不管怎样，客户端限界上下文都可以设计一层防腐层，将模型与多余的外部影响隔离开来。

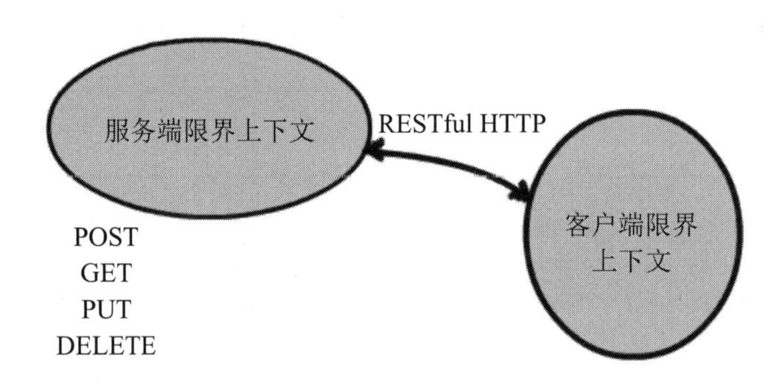

RESTful HTTP

使用 RESTful HTTP 的集成将注意力集中在限界上下文之间交换的资源上，还有相关的四个主要操作：POST、GET、PUT 和 DELETE。许多人发现采用 REST 方式进行集成效果很好，因为它可以帮助他们定义出非常适合分布式计算的 API。互联网的成功让这一点不可辩驳。

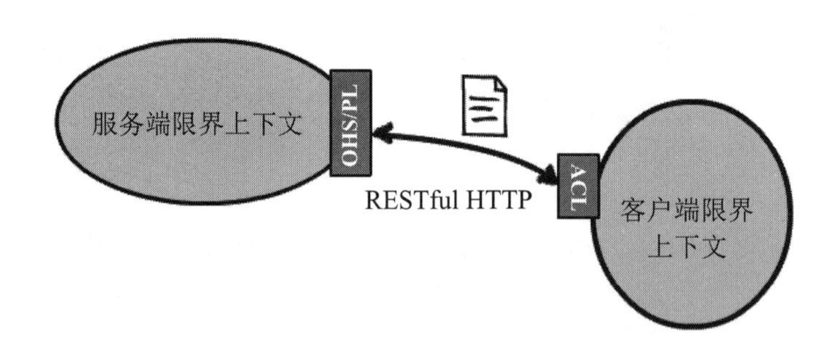

使用 RESTful HTTP 是一种非常固定的思维方式。在本书里不会详细展开，但应该在尝试之前仔细研究 REST。《REST 实战》[RiP]这本书是一个不错的开始。

支持 REST 接口的服务端限界上下文应该提供开放主机服务和已发布语言。资源理应被定义成已发布语言，而且当它们与你的 REST URI 结合在一起之后，将形成天然的开放主机服务。

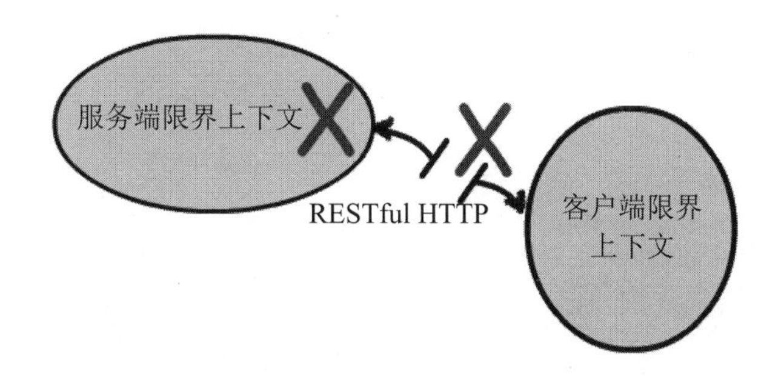

造成 RESTful HTTP 失败的原因通常和许多造成 RPC 失败的原因一样——网络或服务提供商故障，还有意外延迟。在没有网络的前提下，RESTful HTTP 无法运作，但谁又能通过跟踪这期间的日志记录来发现导致失败的原因，从而达成保证其成功的可靠性、可伸缩性以及完整性的目标呢？

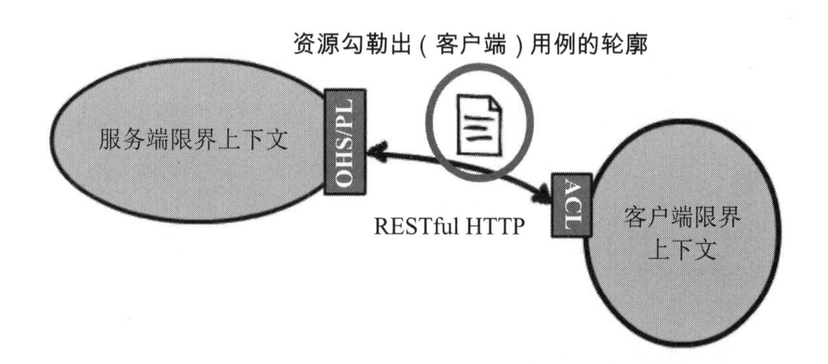

使用 REST 常犯的设计错误是直接把模型中的聚合暴露成资源。服务端模型一旦发生变化，资源也会随之一起改变，这样会把跟随者关系强加给每个客户端。所以你不会想这样做。相反，应该根据客户端驱动的用例设计出“合成”的资源。所谓“合成”，是指对客户端来说，服务端提供出来的资源必须具有它们所需要的样子和组成，而不是直接给出实际的领域模型。有时候模型看起来就像客户端需要的东西。但客户端真正所需要的是驱动资源模型的设计，而不只是保持模型的皮囊。

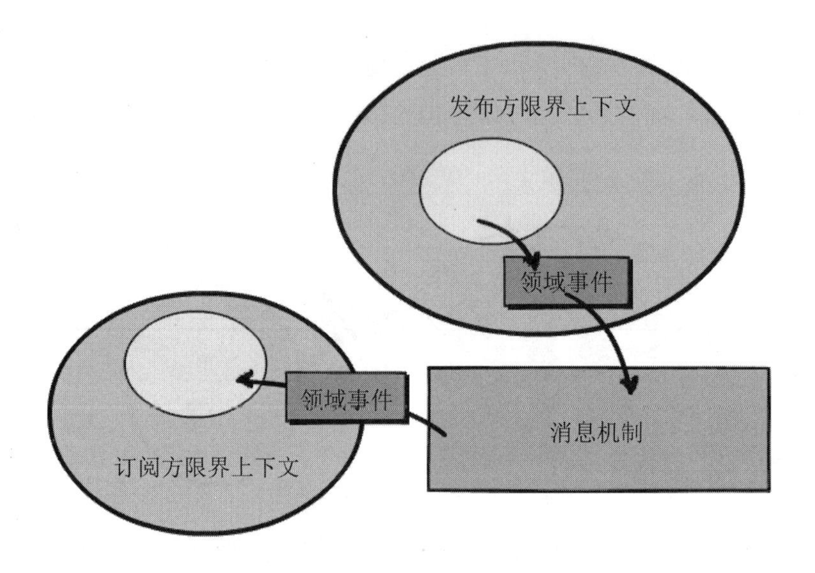

消息机制

在使用异步消息机制进行集成时，很多工作都是通过客户端限界上下文订阅由它自己或另一个限界上下文发布的领域事件（*Domain Events*）来完成的。使用消息机制是最健壮的集成方法之一，因为可以消除那些和阻塞（同步）形式（如 RPC 和 REST）有关的暂时性耦合。如果可以提前预见到消息交换会产生延迟，就可以构建出更健壮的系统，因为你从未期望结果会即时发生。

使用 REST 完成异步操作

可以基于 REST 对有序增长的资源集合进行轮询达到异步消息机制的效果。客户端可以在后台进程中持续轮询一个 Atom Feed[1]资源服务，该资源提供了一个持续增长的领域事件集合。这是一种维持服务和客户端之间异步操作的安全方法，同时还能提供服务中持续发生的最新事件。如果服务因某些原因而无法使用，则

---

1 Atom 是工程任务组（ITEF）发布的标准规范，用于表示提要（Feed）格式和用于编辑 Web 资源的协议，如 Weblog、在线日志、Wiki 以及类似内容。——译注

客户端将简单地在固定时间间隔之后重试，或以退避算法进行重试[1]，直到资源再次可用。

在《实现领域驱动设计》[IDDD]中详细讨论了这种方法。

避免集成火车事故

如果客户端限界上下文（C1）和服务端限界上下文（S1）集成，C1 在处理其他客户端发给它的请求时，通常不应该将发给 S1 的同步阻塞请求作为这种处理的直接结果。也就是说，当其他某个客户端（C0）向 C1 发起阻塞请求时，不允许 C1 向 S1 发起另一个阻塞请求。因为这样的做法很可能导致 C0、C1 和 S1 之间发生“集成火车事故”。你可以使用异步消息机制来避免这种事故[2]。

---

1 Backoff，是一种重试机制，发送者会在再次重试之前等待一个随机时间，这样可以避免多个发送者按相同时间间隔重试产生的冲突。这个等待时间的随机范围一般会采用一种策略和算法来计算，常见的一种实现是指数退避算法。——译注

2 当 C1 向 S1 发起同步阻塞请求并等待其返回作为处理结果来响应 C0 的请求时，它们三者之间就形成了暂时性耦合。C0 的请求是否能成功，返回的是快是慢，取决于 S1 和 C1 以及它们之间的连接（通常是网络连接）。一旦 S1 发生问题，C1 和 C0 就会像相邻的火车车厢一样受到牵连。更糟的是，C0 和 C1 还可能因为阻塞影响可用性。而使用异步消息机制之后，C0 和 C1 首先从设计上就要考虑消息延迟和网络故障导致的失败，自身的健壮性更强。当它们触发命令（发布一条消息）之后，三者之间再无瓜葛，S1 的失败影响范围就能降到最小。这样就能避免集成火车事故。——译注

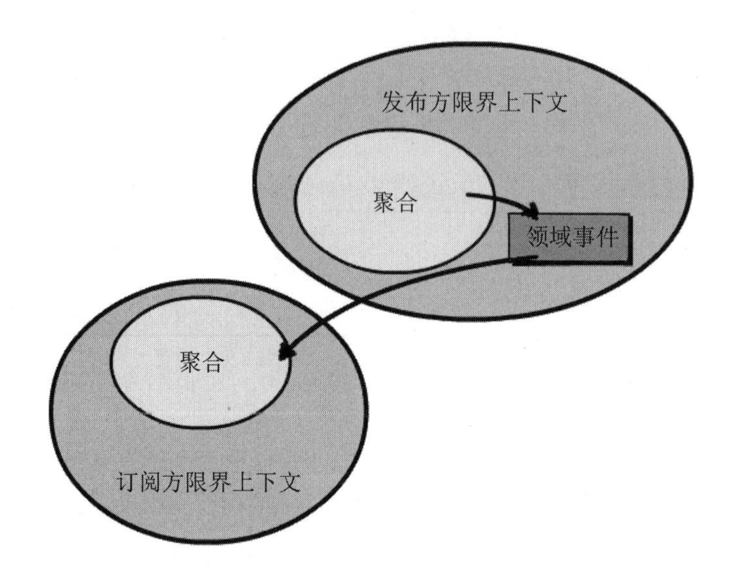

通常情况下，领域事件由限界上下文中的聚合（*Aggregate*）发布，许多对它感兴趣的订阅方限界上下文都可以消费。当订阅方限界上下文收到领域事件时，将依据其类型和值进行一些操作。一般它会导致在消费方限界上下文中新聚合的创建或者现有聚合的修改。

领域事件的消费者是跟随者吗？

你可能想知道领域事件如何被另一个限界上下文消费，而不会强迫这个消费方限界上下文变成跟随者。正如《实现领域驱动设计》[IDDD]中（特别是在第 13 章中）所建议的那样，消费者不应该使用事件发布者定义的事件类型（比如，类）。相反，他们只应该依赖事件的格式，即它们的已发布语言。这通常意味着，如果事件以 JSON 格式或者更高效的对象格式发布，那么消费者应通过解析它们获取其数据属性来消费该事件。

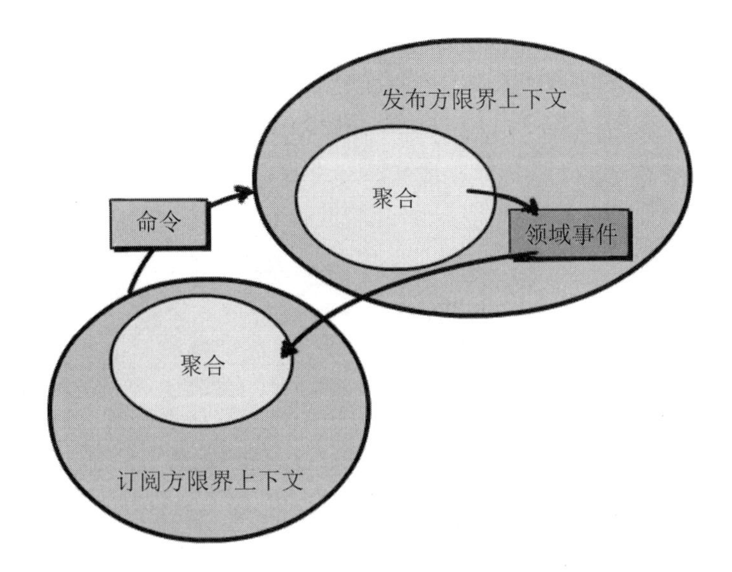

当然，上述内容假定订阅方限界上下文总是可以从被动接受的发布方限界上下文事件上获益。然而，有时候客户端限界上下文需要主动发送命令消息给服务端限界上下文来强制执行一些操作。这种情况下，客户端限界上下文依然会收到作为结果被发布出来的领域事件。

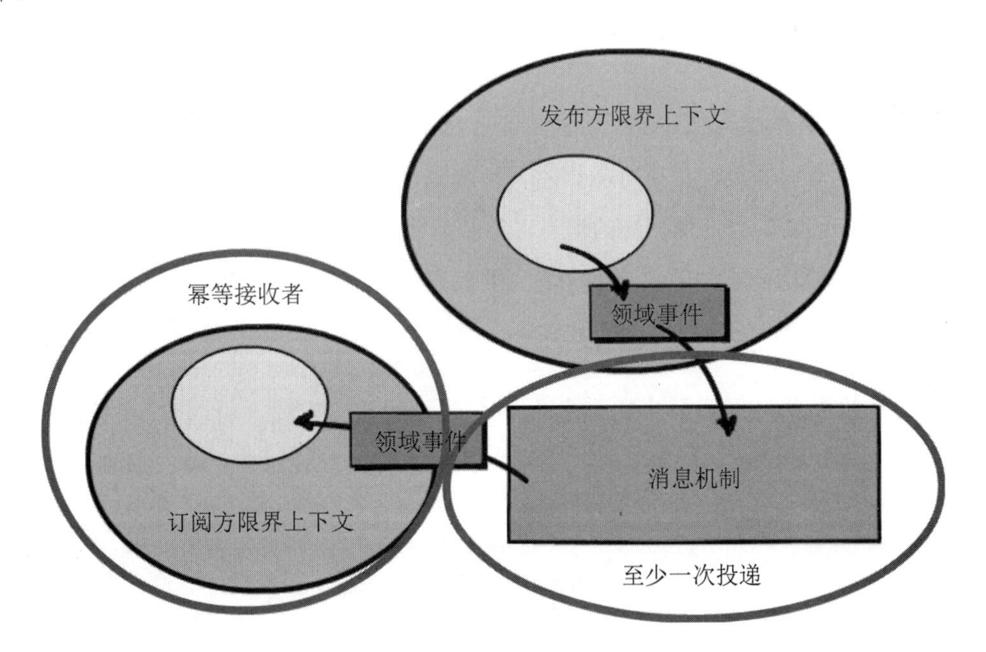

在使用消息进行集成的所有用例中，整体解决方案的质量很大程度上将取决于所选消息机制的质量。消息机制应支持至少一次投递[Reactive]来保证所有消息最终都会被收到。这也意味着订阅方限界上下文必须实现成幂等接收者（*Idempotent Receiver*）[Reactive]。

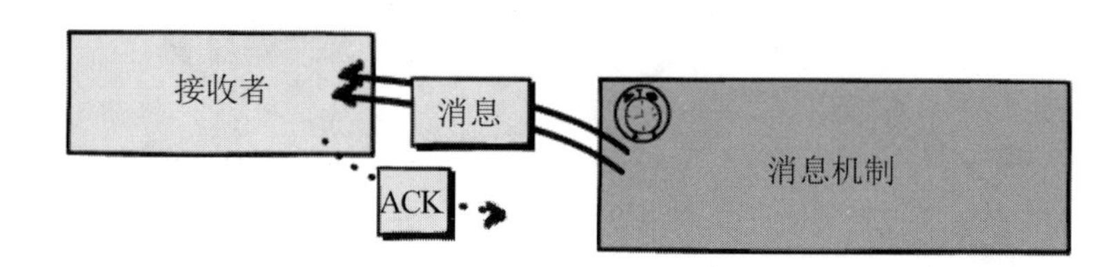

至少一次投递[Reactive]是一种消息机制的模式，这种模式下消息机制将周期性地重发指定消息。在消息丢失、接收者响应不及时，或者宕机以及接收者应答回执发送失败的情况下会发生重发。由于消息机制的这种设计，即使发送者只发送了一次，消息也可能被多次投递。但是，如果接收者的设计可以处理这种情况，那就不是问题。

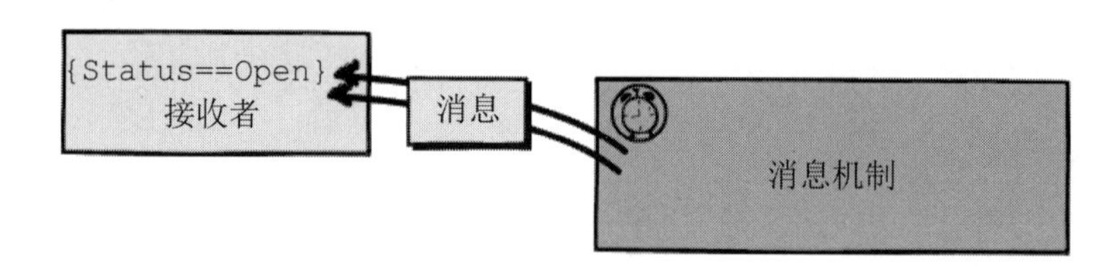

只要消息可以多次投递，接收方的设计就应该正确处理这种情况。幂等接收者[Reactive]描述了请求的接收者执行操作的一种方式，即使多次执行这些操作也能产生相同的结果。因此，即使多次收到相同的消息，接收者也可以妥善处理。这可能意味着接收方要么使用消息去重[1]功能来忽略重复的消息，要么妥善地重新应用该操作，使其结果与之前处理收到的消息所产生的结果完全一致。

因为消息机制总是采用异步的请求响应[Reactive]通信方式，所以有一些延迟是正常的，也是可以预见的。服务请求应该（几乎）不会阻塞，直到服务完成。因此，设计时把

1 De-duplication，消息去重是消息机制应当具备的重要功能，即接收方会通过消息的唯一标识识别并忽略重复的消息。通过这种机制，接收方可以避免重复操作以及由此带来的错误。——译注

消息机制放在心上意味着你至少需要时刻准备着处理一些延迟，这将使你的整体解决方案从一开始就更加健壮。

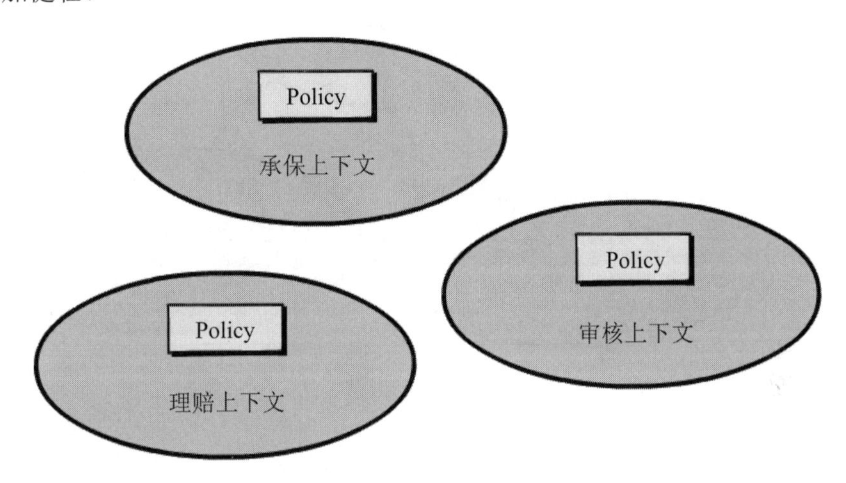

上下文映射示例

回到第 2 章中讨论过的例子，有关正式 `Policy` 类型的位置问题凸显了出来。请记住，出现在三个不同的限界上下文中的三种 `Policy` 类型是有区别的。那么，保单记录（Record of Policy）在保险企业中的位置应该在哪儿呢？它可能属于承保分部，因为那是它的来源。作为示例，我们假设它属于承保分部。那么其他限界上下文如何感知它的存在呢？

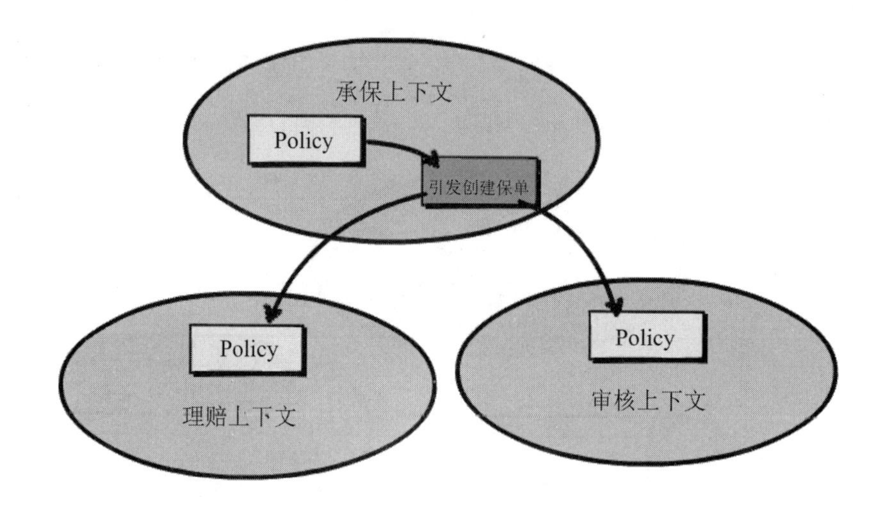

当承保上下文中“出立”（issue）了一个 Policy 类型的组件时，可以同时发布一个名为 PolicyIssued 的领域事件。这个领域事件通过消息订阅提供出去，任何其他限界上下文都可能会对它做出响应，包括在订阅方限界上下文中创建对应的 Policy 组件。

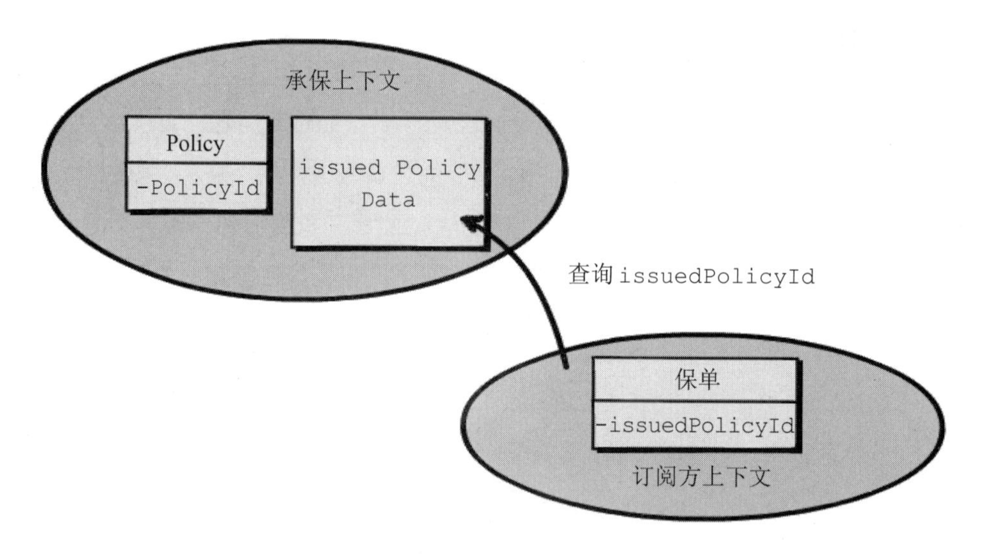

PolicyIssued 领域事件会包含正式 Policy 的唯一标识符。这里就是 policyId。订阅方限界上下文中创建的任何组件都将保留该标识符，用来回溯到原始的承保上下文。在这个例子中，标识符被保存为 issuedPolicyId。如果 PolicyIssued 领域事件还要提供更多的 Policy 数据，订阅方限界上下文可以始终反向查询承保上下文来获得更多信息。这里订阅方限界上下文使用 issuedPolicyId 在承保上下文中进行查询。

在增强事件[1]与反向查询之间的权衡

有时，填充足够多的数据增强领域事件来满足所有消费者的需求是有好处的。而有些时候，保持轻量的领域事件并让消费者在需要更多数据时进行查询会更有利。第一种选择，即增强事件，将给予从属消费者更多自治权。如果自治是你的驱动要素，请选择增强事件数据的方式。

另一方面，很难预料到所有消费者需要在领域事件中获取的每一条数据，而且如果全部提供，可能会丰富过了头。例如，在领域事件中填充数据可能是一个糟糕的安全性决策。如果是这种情况，设计轻量的领域事件和一个可以让消费者请求的安全且丰富的查询模型可能才是正确的选择。

而有些时候，需要视情况平衡地混合使用两种方法。

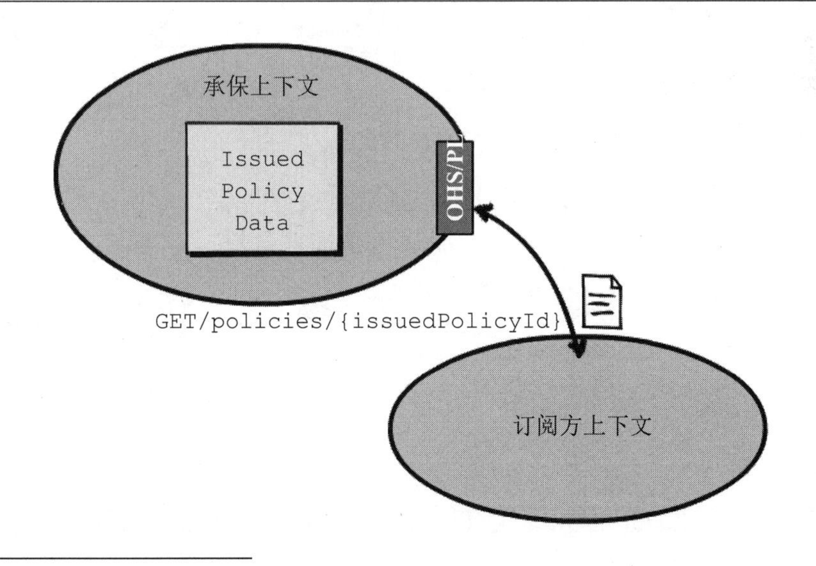

1 请参考《实现领域驱动设计》[IDDD]附录 A 中的“增强事件”小节。——译注

那么又该如何向承保上下文进行查询呢？你可以在承保上下文中设计 RESTful 开放主机服务和已发布语言。一次带 issuedPolicyId 的简单 HTTP GET 请求就能取回 IssuedPolicyData。

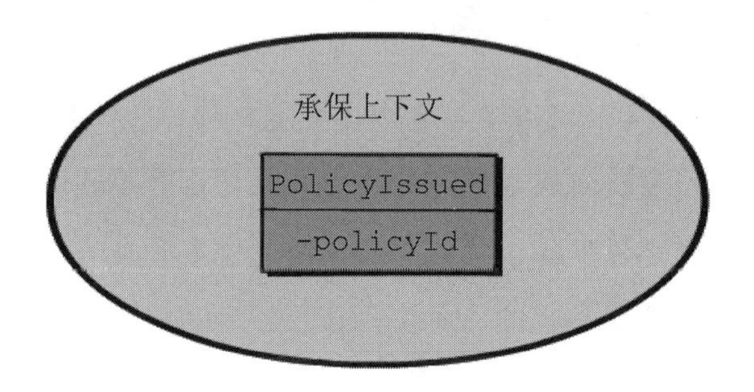

你可能想知道 PolicyIssued 领域事件的数据细节。我将在第 6 章中提供领域事件的设计细节。

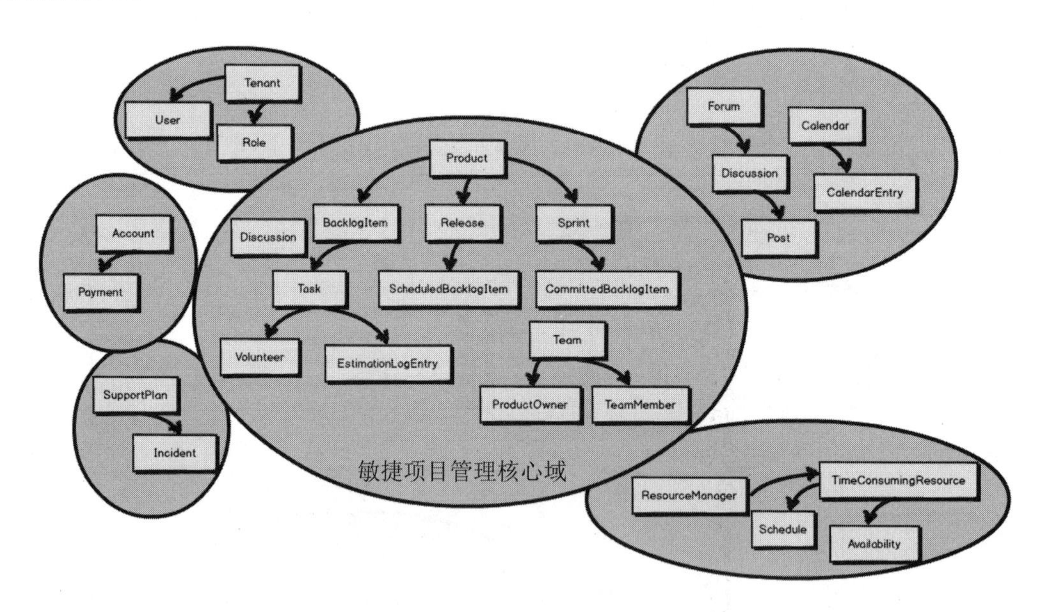

你是不是对敏捷项目管理上下文的例子感到好奇？这里我们切换到保险业务领域，可以让你利用多个例子来研究 DDD，从而帮助你更好地掌握 DDD。别着急，我们将在下一章回到敏捷项目管理上下文上来。

本章小结

总结一下，本章中你学习到了：

- 各种不同的上下文映射关系，例如合作关系、客户—供应商以及防腐层。
- 如何使用 RPC、RESTful HTTP 以及消息机制进行上下文映射集成。
- 领域事件如何与消息机制一起使用。
- 可以让你增加使用上下文映射经验的基础。

关于上下文映射图的更多详细内容请参考《实现领域驱动设计》[IDDD]中第 3 章[1]的内容。

1 读者还可以结合《领域驱动设计》[DDD]的第 14 章一起学习，Eric Evans 在这一章中花费了大量篇幅来介绍这些映射或集成关系。除此之外，他还介绍了根据团队的具体情况来设计映射关系的方法，以及一些映射关系相互演进的实例。——译注

第5章 运用聚合进行战术设计

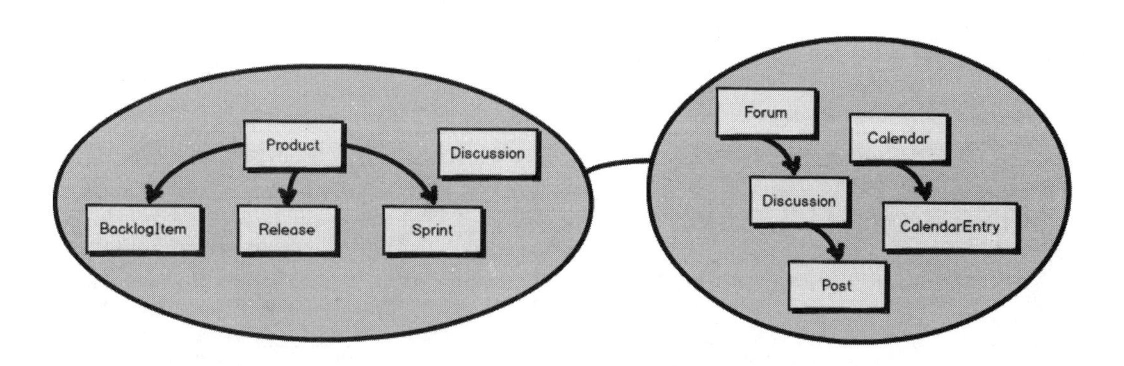

目前为止，我们讨论的都是使用限界上下文（*Bounded Context*）、子域（*Sub Domain*）和上下文映射图（*Context Map*）的战略设计。这里你看到的是两个限界上下文，名为敏捷项目管理上下文的核心域（*Core Domain*）和提供协作工具的支撑子域（*Supporting Subdomain*），它们使用上下文映射（*Context Mapping*）集成在一起。

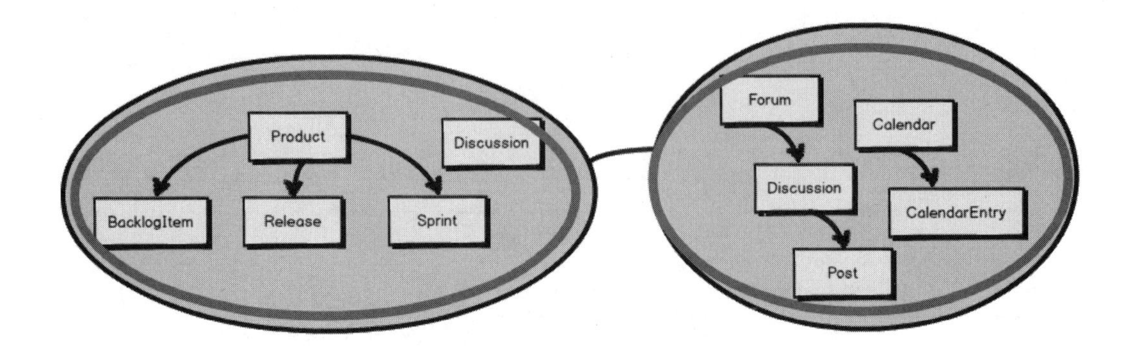

但是那些包含在限界上下文之中的概念又是什么呢？接下来，将详细地阐述这些之前曾经提及的概念。它们很可能就是你模型中的聚合（*Aggregate*）。

为什么使用它

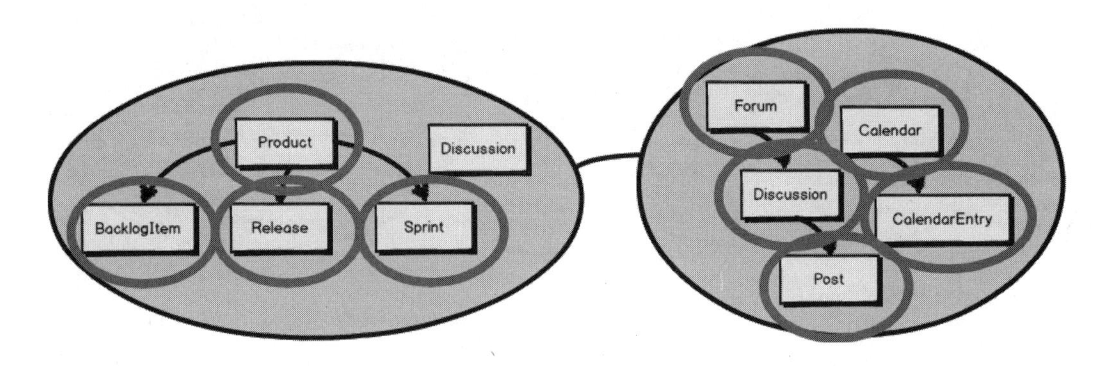

这两个限界上下文中你看到的每一个被圈起来的概念都是一个聚合。只有一个概念—— `Discussion`——没有被圈起来，它被作为一个值对象（*Value object*）进行建模。尽管如此，本章我们将重点放在聚合上，并将仔细研究如何对 `Product`、`BacklogItem`、`Release` 和 `Sprint` 进行建模。

什么是实体？

一个实体模型就是一个独立的事物。每个实体都拥有一个唯一的标识符，可以将它的个体性和所有其他类型相同或者不同的实体区分开。许多时候，也许应该说绝大多数时候，实体是可变的。也就是说，它的状态会随着时间发生变化。不过，一个实体不一定必须是可变的，它也可能是不可变的。将实体与其他建模工具区分开的主要因素是它的唯一性——即它的个体性。请参阅《实现领域驱动设计》[IDDD]中更多对实体的详尽阐述。

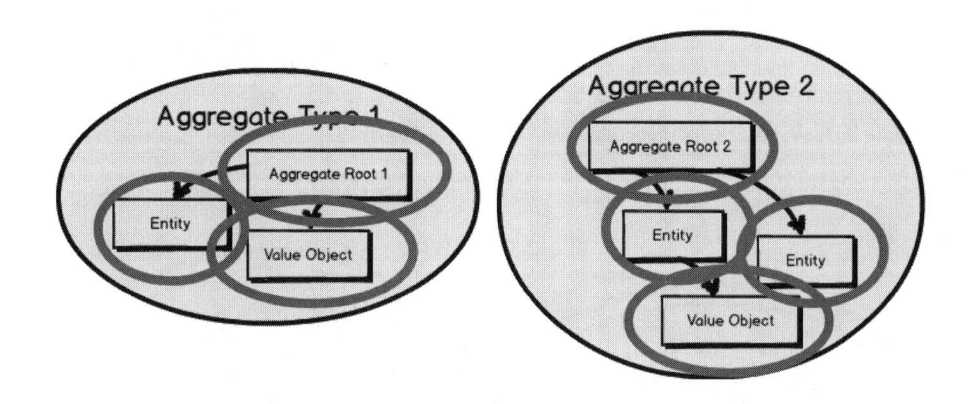

聚合是什么？这里展示了两个聚合。它们都是由一个或多个实体组成，其中一个实体被称为聚合根（*Aggregate Root*）。聚合的组成还可能包括值对象。就像这里看到的，两个聚合中都用到了值对象。

什么是值对象？

一个值对象，或者更简单地说，值（*Value*），是对一个不变的概念整体所建立的模型。在这个模型中，值就真的只有一个值。和实体不一样，它没有唯一标识符，而是由值类型封装的属性对比来决定相等性。此外，一个值对象不是事物，而是常常被用来描述、量化或者测量一个实体。请参阅《实现领域驱动设计》[IDDD]来获得更多对值对象的详细介绍。

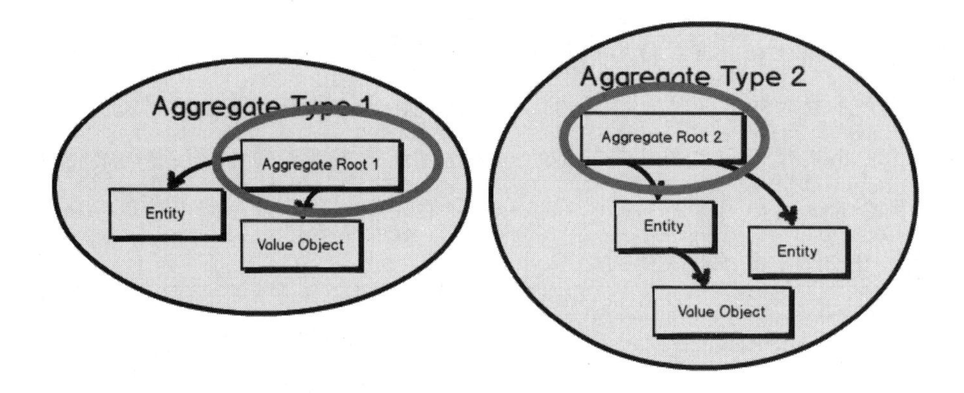

每个聚合的根实体（*Root Entity*）控制着所有聚集在其中的其他元素。根实体的名称就是聚合概念上的名称。你应该选择一个名称来恰当地描述聚合模型概念上的完整性。

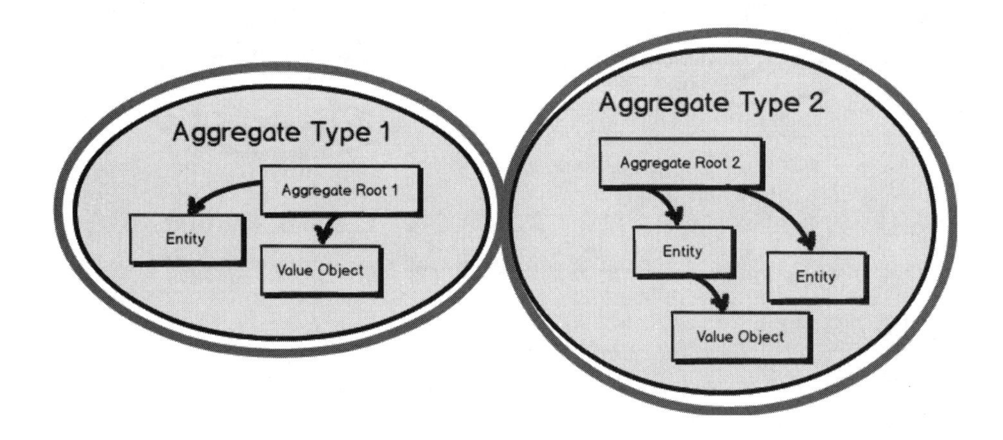

每个聚合都会形成保证事务一致性的边界。这意味着在一个单独的聚合中，在控制被提交给数据库的事务时，它的所有组成部分必须根据业务规则保持一致。这并非意味着你不应该把那些事务完成之后不一致的元素组合到聚合中。毕竟，一个聚合也要建立概念上完整的模型。但是，你应该首先关心事务一致性。围绕在 `Aggregate Type 1`（聚合类型 1）和 `Aggregate Type 2`（聚合类型 2）外面的边界分别代表着独立的事务边界，掌管着每个对象集的原子级持久化。

事务的更多含义

某种程度上，在应用程序中使用事务是实现的细节。例如，一种典型的实现会包括一个代表领域模型来控制原子级数据库事务的应用服务[IDDD]。在其他不同的架构中，例如在 Actor 模型[Reactive]中，每个聚合都作为 Actor 实现，而事务可以使用事件溯源（*Event Sourcing*）（见第 6 章）来处理，即便数据库不支持原子级事务。不管怎样，我所说的“事务”就是如何隔离对聚合的修改，以及如何保证业务不变性（即软件必须始终遵守的规则）在每一次业务操作中都保持一致。无论是通过原子级的数据库事务还是其他方法来控制需求，聚合的状态或者它通过事件溯源方法表现出的形式，必须始终安全和正确地进行转移和维护。

事务边界由商业动机决定，因为任何时候都是业务来决定对象集的有效状态应该是什么。换句话说，如果聚合没有保存在一个完整有效的状态中，那么根据业务规则所执行的业务操作会被认为是错误的。

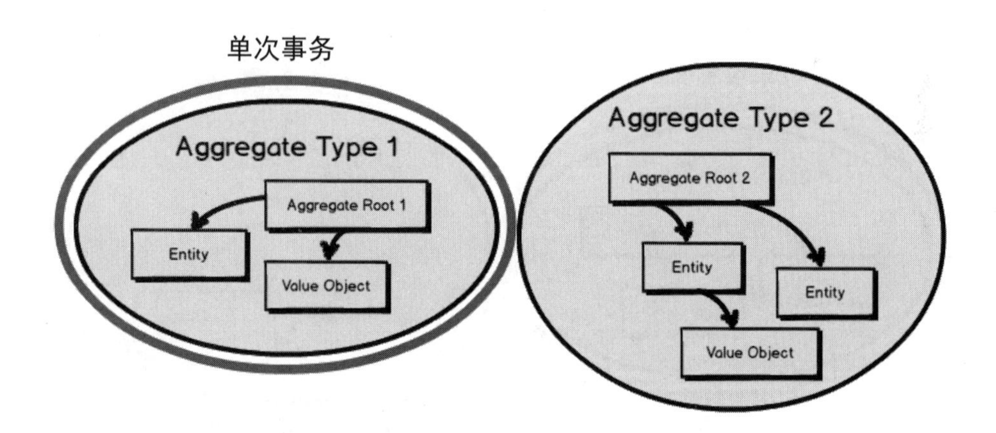

我们换个角度来思考。虽然这里呈现了两个聚合，但在单次事务中只能对其中之一完成提交。这是聚合设计的一条普遍规则：只能在一次事务中修改一个聚合实例并提交。这就是为什么你只能在本次事务中看到 `Aggregate Type 1` 的实例。很快我们将讨论其他的聚合设计规则。

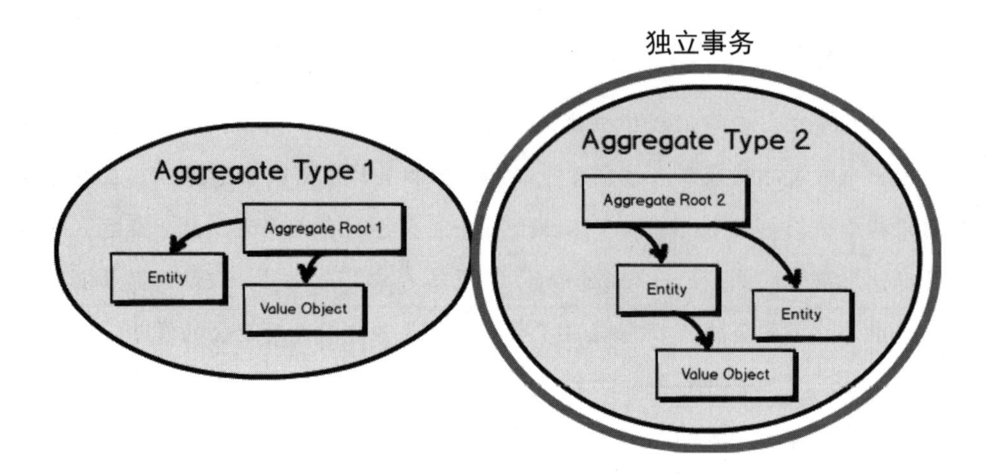

其他聚合将在另一次独立事务中修改并提交。这就是聚合被认为是事务一致性的边界的原因。所以，你可以按照能让事务保持一致性和提交成功的方式来设计你的聚合组成部分。就像这里看到的一样，`Aggregate Type 2` 实例和 `Aggregate Type 1` 实例分别在各自的事务中进行控制。

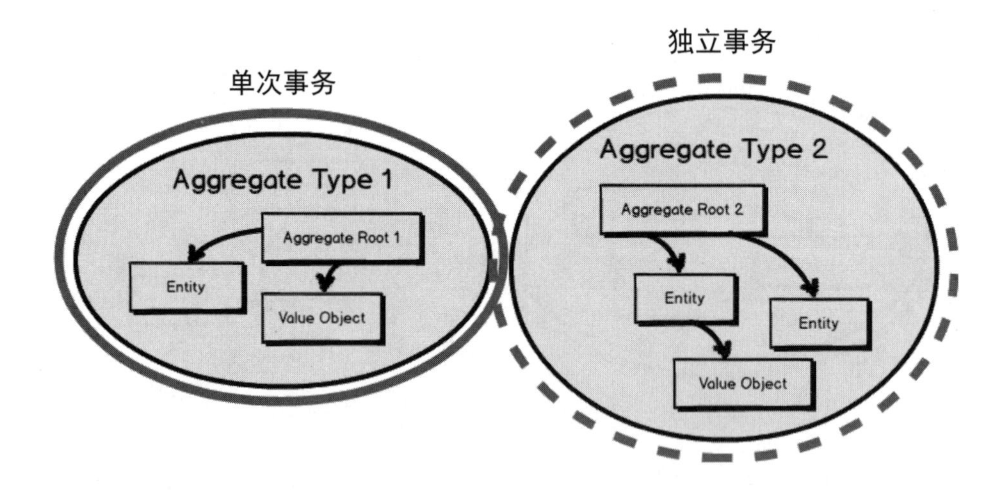

由于这两个聚合的实例被设计成在各自的事务中进行修改，我们如何根据 `Aggregate Type 1` 实例上发生的变化来更新 `Aggregate Type 2` 实例？领域模型必须对这些变化做出响应。我们将在本章稍后考虑这个问题的答案。

本节中要记住的重点是，业务规则才是驱动力，最终决定在单次事务完成提交后，哪些对象必须是完整、完全和一致的驱动力。

聚合的经验法则

接下来我们要思考的是聚合设计的四条基本规则[1]：

- 在聚合边界内保护业务规则不变性。
- 聚合要设计得小巧。
- 只能通过标识符引用其他聚合。
- 使用最终一致性更新其他聚合。

当然，这些规则不会由任何“DDD 警察”来强制执行。它们只是适当的指导，当经过深思熟虑被应用之后，它们将帮助你设计出能有效工作的聚合。既然是这样，现在我们要仔细钻研每一条规则，看看它们应该如何运用在合适的地方。

---

1 在作者的《实现领域驱动设计》[IDDD]第 10 章“聚合”中也有提到设计聚合时要遵循的四条原则，它们是：“一致性边界之内建模真正的不变条件”“设计小聚合”“通过唯一标识引用其他聚合”和“在边界之外使用最终一致性”。本书中提出的四条原则看起来似乎和它们一样，但描述却更加鲜明准确。在第 1 条规则中作者直接点明了不变性乃是由业务决定，在第 3 条规则中作者强调将标识符作为独一无二的外部引用，在第 1 条和第 4 条中作者更是指出了一致性边界就是聚合边界。这些原则是作者在完成《实现领域驱动设计》之后，经过不断实践再次修正和精练的成果。——译注

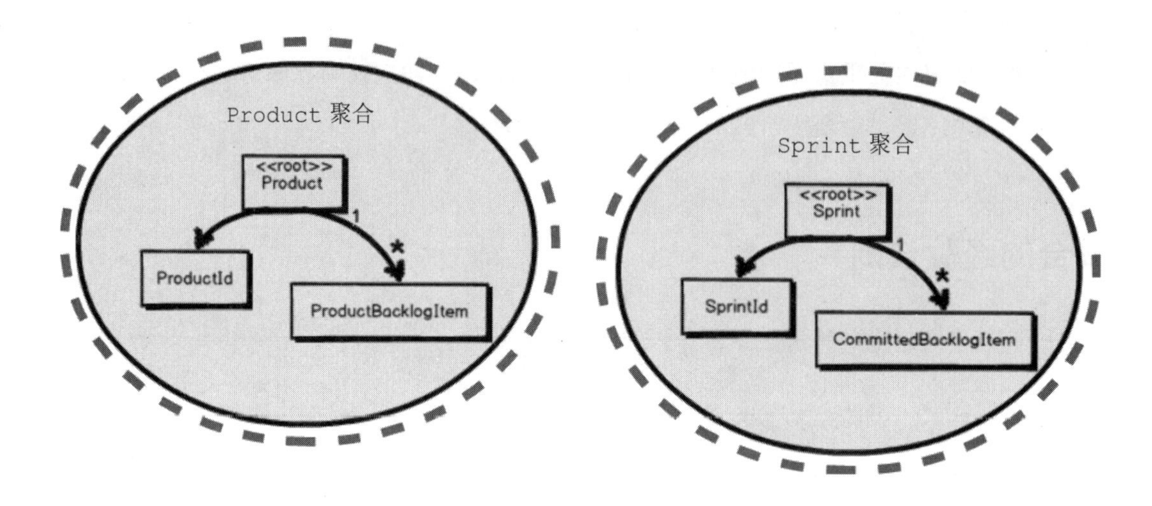

规则一：在聚合边界内保护业务规则不变性

规则一的意思是聚合的组成部分应该由业务最终决定，而且要以那些在一次事务提交中必须保持一致的内容为基础。在上面的例子中，Product 被设计成在事务完成提交时，所有组成它的 ProductBacklogItem 都必须由它负责并和根 Product 保持一致。同样的，Sprint 被设计成在事务完成提交时，所有组成它的 CommittedBacklogItem 都必须由它负责并和根 Sprint 保持一致。

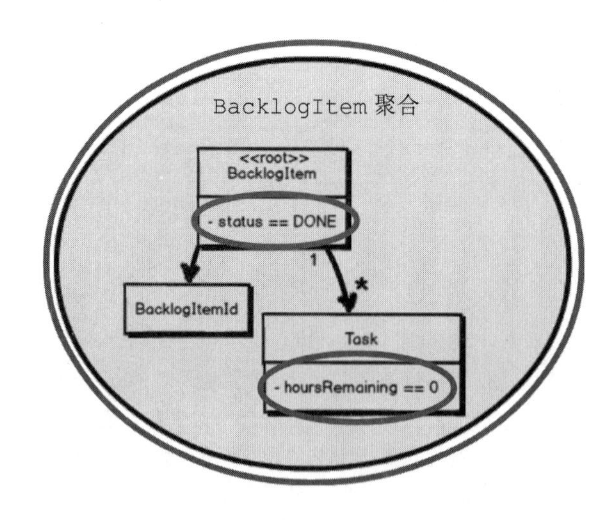

规则一在另一个例子中更加明确。这是 BacklogItem 聚合的例子，其中包含着这样一条业务规则："当所有 Task 实例的 hoursRemaining 都为零时，BacklogItem 的状态必须设置为 DONE。"因此，当事务完成提交时，这项特定的业务不变性规则必须要满足。这是业务要求的。

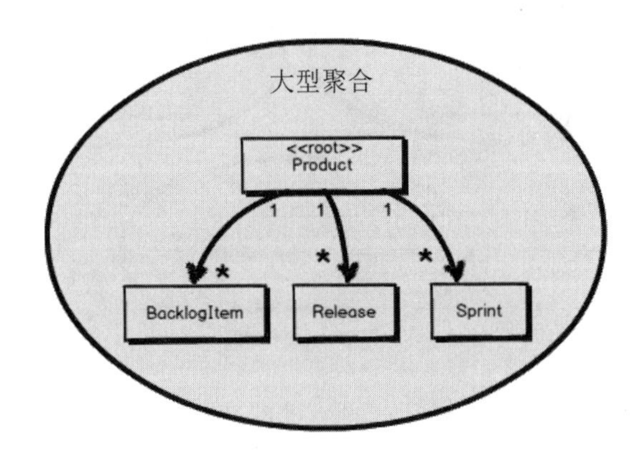

规则二：聚合要设计得小巧

这条规则强调，每个聚合的内存占用空间和事务包含范围应该相对较小。前面图例中展示的聚合并不算小。这里的 Product 确实可能包含大量的 BacklogItem 实例集合、大量的 Release 实例集合，还有大量的 Sprint 实例集合。随着时间推移，这些集合可能会变得非常庞大，并且发展为数千个 BacklogItem 实例以及数百个 Release 和 Sprint 实例。这种设计思路通常是非常糟糕的选择。

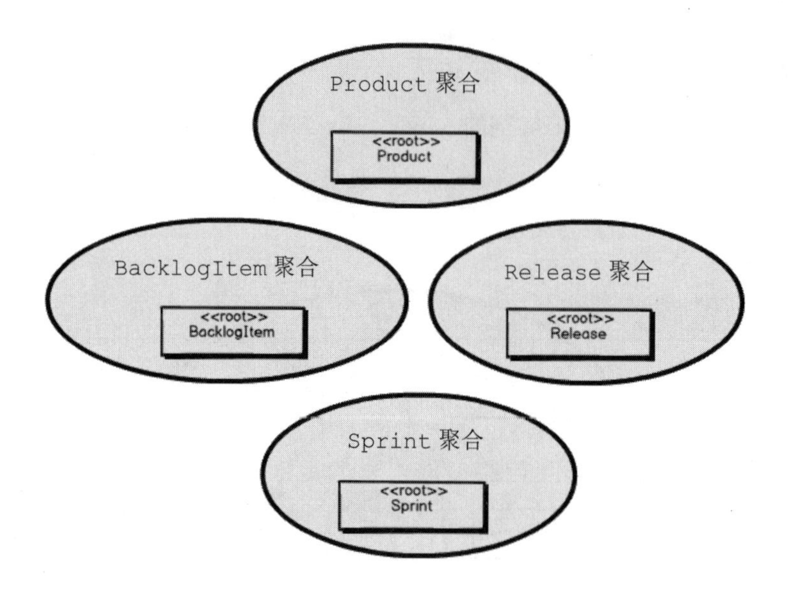

可是，当我们把 `Product` 聚合拆分成四个独立的聚合之后，我们将会得到：一个小型 `Product` 聚合、一个小型 `BacklogItem` 聚合、一个小型 `Release` 聚合和一个小型 `Sprint` 聚合。这些模型加载快、内存占用少，并且垃圾回收也更迅速。而且也许更重要的是，这些聚合相比之前大块的 `Product` 聚合能获得更高的事务成功率。

遵守这条规则还可以带来另一个好处：每个聚合可以更容易地实现，因为每个关联到它的任务都可以由一个开发者掌控。这也意味着聚合更容易测试。

在设计聚合时还需要记住的是单一职责原则（*Single Responsibility Principle*，*SRP*）[SRP]。如果你的聚合想做的事情太多，就违反了 SRP，这由它的大小就可以判断出来。比如，问问自己，`Product` 是一个非常专注于 Scrum 产品的实现，还是它需要兼顾其他事情。`Product` 发生变化的原因是什么：是为了让它变成更好的 Scrum 产品，还是为了管理待办事项、发布和冲刺？`Product` 的变化仅仅是为了实现更好的 Scrum 产品，这才应该是你的答案。

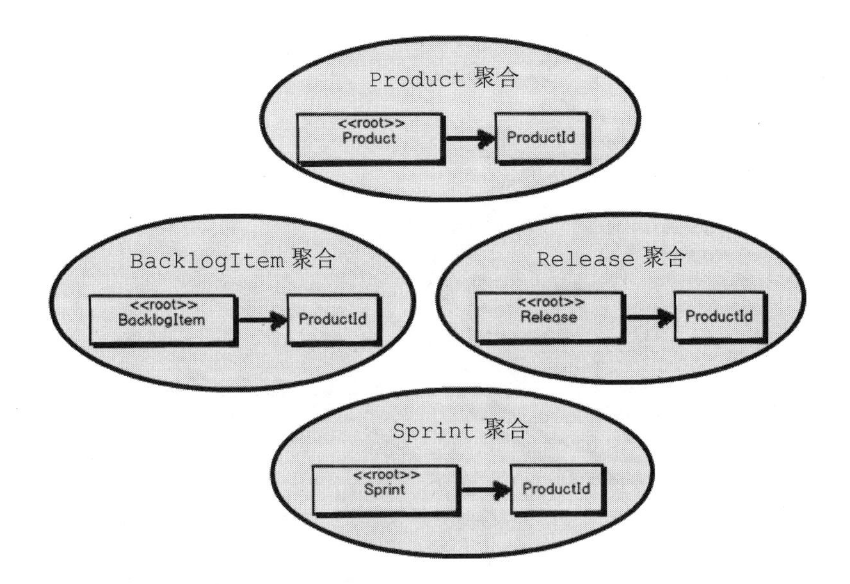

规则三：只能通过标识符引用其他聚合

现在，我们已经把大块的 Product 拆分成了四个更小的聚合，它们又如何在需要时引用其他的聚合呢？这里我们要遵守规则三：“只能通过标识符引用其他聚合”，在这个例子里，我们看到 BacklogItem、Release 和 Sprint 全都通过持有一个 ProductId 来引用 Product。这能帮助保持聚合不会变大，并防止在同一次事务中画蛇添足地修改多个聚合。

这能进一步帮助保持聚合设计得小巧又高效，从而降低内存需求，并提升持久化存储中加载的速度。它还有助于强化不要在同一次事务中修改其他聚合实例的规则。在只拥有其他聚合标识符的情况下，获取它们的直接对象引用没那么容易。

仅使用标识符引用还有一个好处，就是聚合可以使用任何类型的持久化机制轻松地存储，包括关系型数据库、文档数据库，键值型存储以及数据网格/结构[1]。这意味着你可以选择 MySQL 关系型数据库表、PostgreSQL 或者 MongoDB 这样基于 JSON 的存储，

1 Data grid/fabric，请参考 Coherence 文档中的介绍。——译注

GemFire/Geode[1]，Coherence[2]，还有 GigaSpaces[3]。

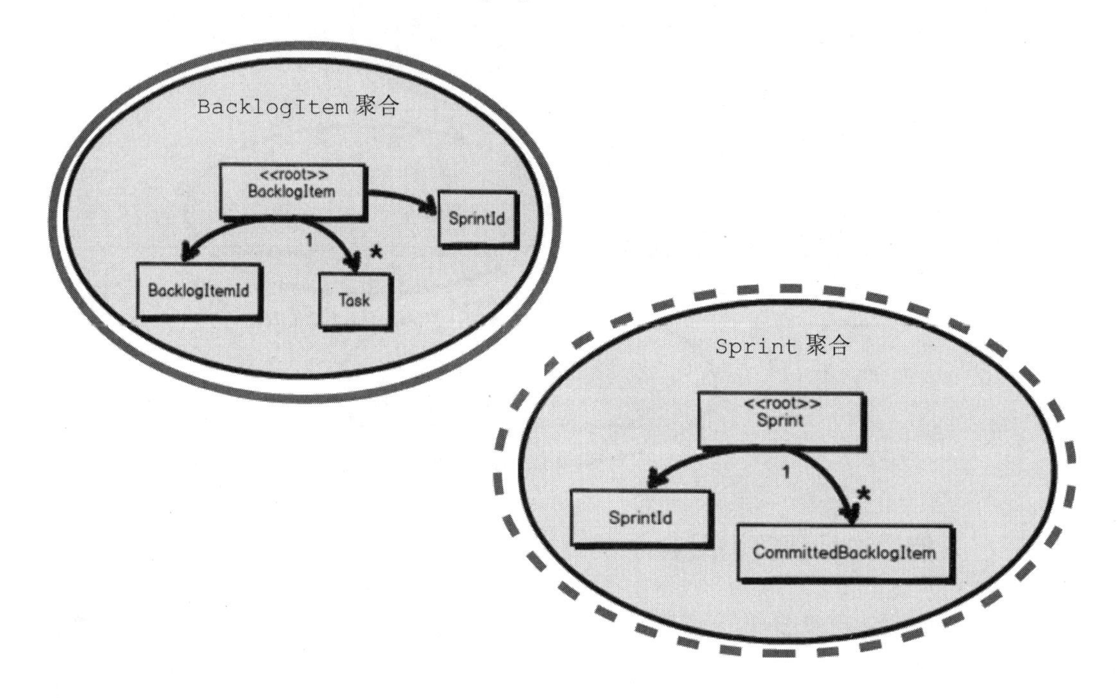

规则四：利用最终一致性更新其他聚合

例子里 BacklogItem 被提交到 Sprint 中。BacklogItem 和 Sprint 都要对此做出响应。首先 BacklogItem 知道它被提交到 Sprint 中，这是在一次事务中管理的，这次事务中 BacklogItem 的状态被修改，修改之后的状态会包含它被提交到的那个 Sprint 的 SprintId。那么，我们如何确保 Sprint 的更新也包括了新提交的 BacklogItem 的 BacklogItemId 呢？

---

1 Apache Geode 是 Apache 顶级项目，由 GemFire 开源而来，是集中间件、缓存、消息队列、事件处理引擎、NoSQL 数据库于一身的分布式内存数据处理平台。它的介绍请参考《大中型企业的天网：Apache Geode》一文。——译注

2 Oracle Coherence 是 Oracle 的内存中数据网格解决方案。更多内容请参考 Coherence 文档。——译注

3 GigaSpaces XAP 是一种在虚拟化和分布式环境中可自动扩展的高端应用服务器，可为事务型和分析型应用提供一个高性能、可扩展、高可靠性的运行平台。更多内容请参考 GigaSpaces 官方网站——译注

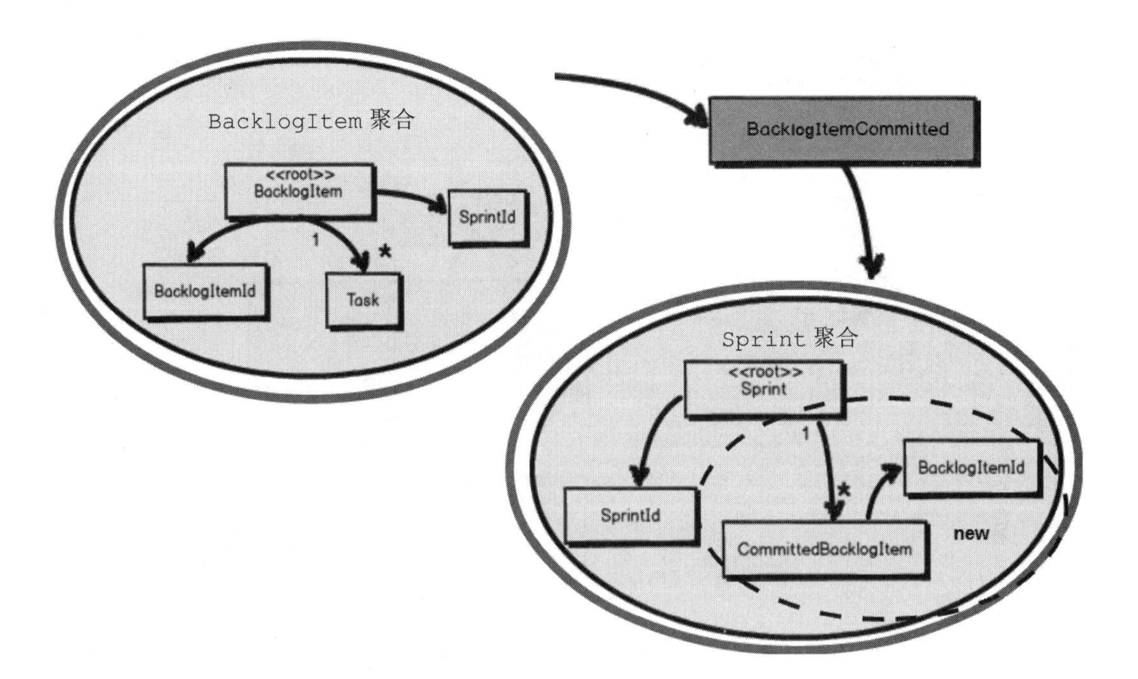

作为 BacklogItem 聚合事务的一部分，名为 BacklogItemCommitted 的领域事件将被发布出来。BacklogItem 事务结束之后，它的状态和领域事件 BacklogItemCommitted 一起完成了持久化。当将 BacklogItemCommitted 传递到本地的订阅者那里时，一个新的事务会被触发，而 Sprint 的状态会被修改，并且持有提交给它的 BacklogItem 的 BacklogItemId。Sprint 会在一个新的 CommittedBacklogItem 实体中保存 BacklogItemId。

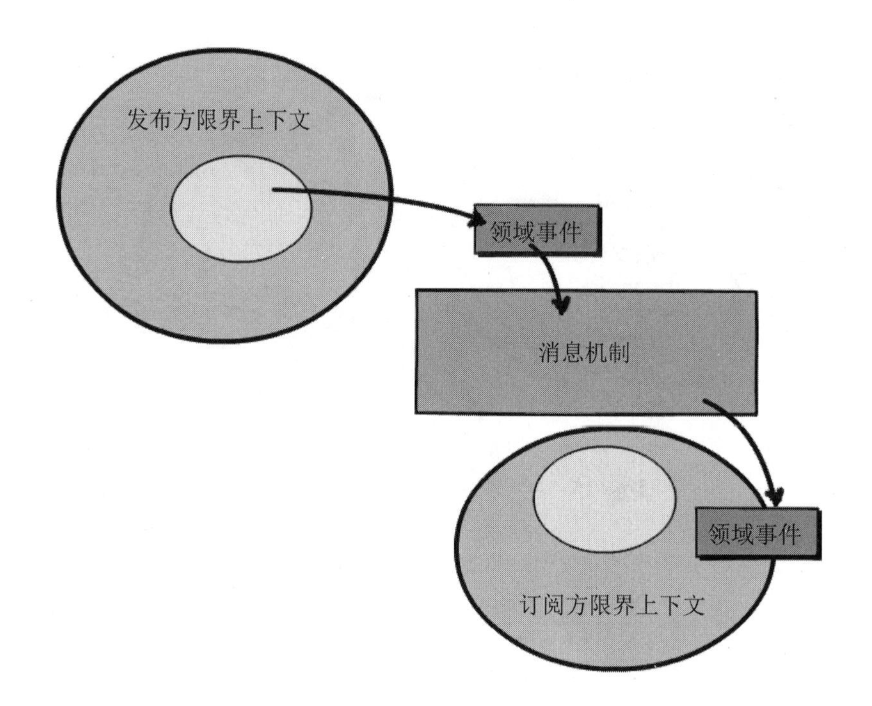

回忆一下你在第 4 章中学到的内容，领域事件由一个聚合发布并由感兴趣的限界上下文订阅。消息机制通过发布/订阅的方式把领域事件传递给感兴趣的限界上下文。感兴趣的限界上下文可能和发布领域事件的限界上下文是同一个，也有可能是另外一个。

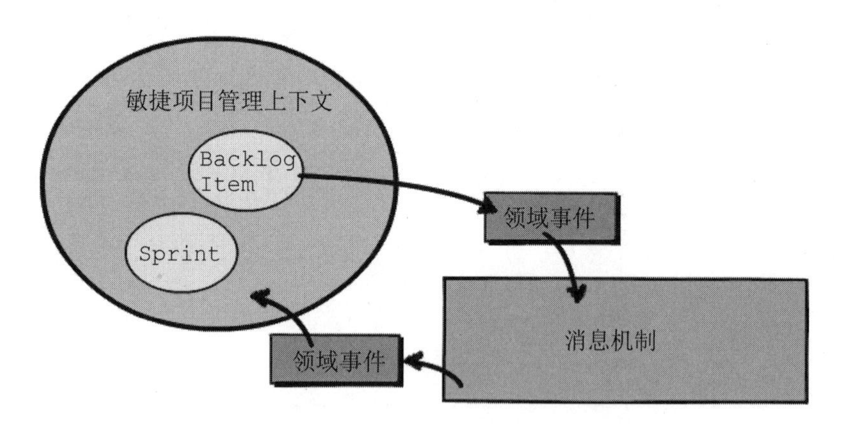

就 `BacklogItem` 聚合和 `Sprint` 聚合这个例子而言，发布者和订阅者位于同一个限界上下文中。这种情况下，没有必要使用重量级的消息中间件，但如果已经使用了这样的

中间件来发布消息给其他限界上下文，也可以利用它轻松地实现消息发布。

如果最终一致性让人望而生畏

运用最终一致性并非特别地困难。尽管如此，如果你没有任何经验，可能会对使用它有些疑虑。即使这样，你依然需要根据业务定义的事务边界来将模型划分成不同的聚合。然而，没有什么能够阻止你在一次原子数据库事务中提交对两个甚至更多聚合的修改。你可以在事务一定能提交成功的场景中使用这种方式，而在其他场景中使用最终一致性方法。这可以让你逐步地适应最终一致性技术，而不会刚开始就把步子迈得太大。只是要理解这并非是使用聚合的主流方式，并且你最终可能会遇到事务失败。

建立聚合模型

当你在领域模型上展开工作并实现聚合时，有一些诱惑在等待着你。贫血领域模型（*Anemic Domain Model*）[IDDD]就是一个令人讨厌的巨大诱惑。如果你正在使用面向对象的领域模型，而这些模型除了公有访问器（Getter 和 Setter）之外没有包含任何真正的业务行为，那就是这种模型了。如果在建模过程中过于注重技术而忽略了业务就会造成这种结果。你需要承担领域模型中的所有的开销来设计贫血模型，但从中却获益甚少。[1] 所以不要上当！

同时也要注意别把领域模型中的业务逻辑放到上层的应用服务中。这可能在不经意中就发生了，就像生理贫血一样，也不容易检查出来。将服务中的业务逻辑委托给帮助/工具类也不会有什么改善。服务工具类往往会显现出身份认同危机，也永远无法保持业务逻辑的连续性。请把业务逻辑放在领域模型之中。不然就要忍受贫血领域模型带来的问题。

函数式编程呢？

当使用函数式编程范式时，规则会发生明显的变化：尽管贫血领域模型在使用面向对象编程范式时不是一个好主意，但在使用函数式编程范式时却可能成为一种规范标准。这是因为函数式编程范式宣扬的是数据和行为的分离。你的数据要设计成不变的数据结构或者记录类型，而你的行为将被设计成操作特定类型不变记录的纯函数。函数将返回新的值，而不是直接修改其作为参数接收的数据。这些新的值可能就是聚合的新状态，或者是表示一次聚合状态转换的领域事件。

本章中我还是主要着眼于面向对象方法，因为这种方法仍然应用得最广泛，也被理解得更透彻。但如果你正在使用函数式编程语言并准备引入 DDD，注意这份指南中有些规则并不适用，或者至少要重新定义才可以遵从。

1 在使用一些 MVC 框架时我们常常会掉进贫血模型的陷阱。MVC 框架常常会使用 ORM 来将关系型数据库的查询和操作结果直接映射成对象（有的框架甚至就把这些对象称为实体，更增加了迷惑性），这些对象一般只包含 Getter 和 Setter。而真正的业务逻辑和这些所谓的“实体”脱离，被放在另外一些被称为服务的对象里。这些服务一般会负责调用 ORM 加载对象，执行操作改变对象状态，最后进行持久化存储。本来应该和这些实体有着内聚性的业务逻辑完全被置于独立的服务中，最终导致服务越来越臃肿的同时，把这些 ORM 映射的对象变成了贫血领域模型。实际上 ORM 只是一种资源库（Repository）的具体实现方式，它不属于领域模型的一部分，它映射出来的对象也不能简单地直接当作领域模型中的聚合和实体。这种错误的做法显然缺失了领域模型这个关键的层次。领域模型应该由持久化的对象转换而来，并承担被错放在服务中的那些业务逻辑。——译注

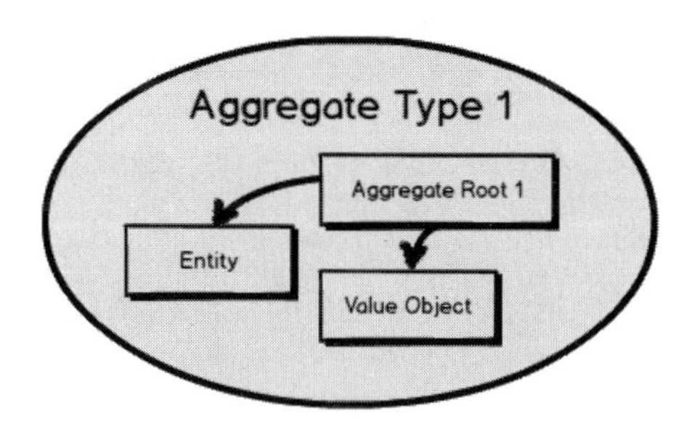

接下来将展示实现基本的聚合设计所需要的一些技术组件。假定你正在使用 Scala、C#、Java 或者其他任意一门面向对象编程语言。接下来的例子是 C#编写的，但 Scala、F#、Java、Ruby、Python 和其他相似语言的程序员都可以很容易地理解。

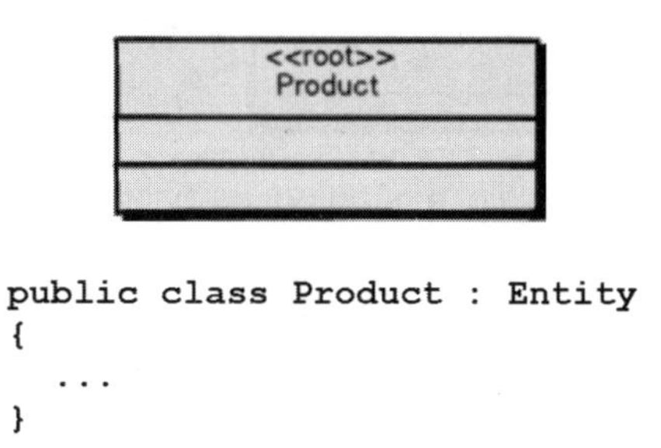


```
public class Product : Entity
{
   ...
}
```

第一件必须做的事情是为聚合根实体创建一个类。上面图例中有 `Product` 根实体的 UML（统一建模语言）类图。还包括了用 C#定义的 `Product` 类，这个类继承了名为 `Entity` 的基类。基类仅仅负责那些标准的和实体类型有关的事情。请参阅《实现领域驱动设计》[IDDD]中关于实体和聚合设计实现的详细讨论。

```
public class Product : Entity
{
  private ProductId productId;
  private TenantId tenantId;
}
```

每一个聚合根实体都必须拥有全局唯一的标识符。敏捷项目管理上下文中的 `Product`

实际上拥有两种形式的全局唯一标识符。TenantId 将根实体的范围限制在订购了产品的指定组织之内。每个订购了服务的组织都被称为租户，因此要具有代表它的唯一标识符。第二个标识符也是全局唯一的，即 ProductId，它将 Product 与同一租户内的所有其他同类型实例区分开来。图中还包括了 Product 中声明两个标识符的 C#代码。

值对象的使用

这里，TenantId 和 ProductId 都被建模成不可变的值对象。

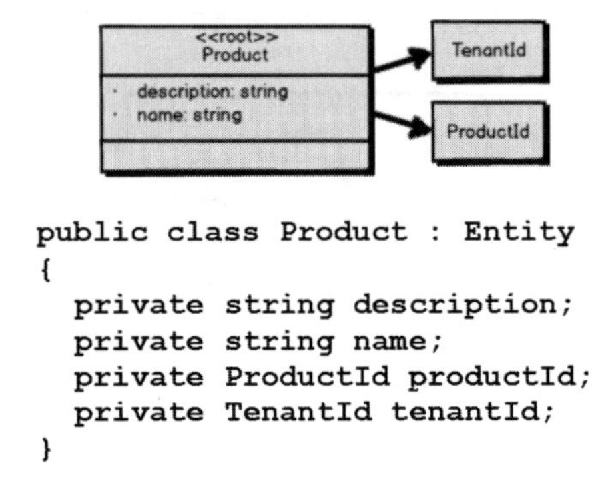


```
public class Product : Entity
{
  private string description;
  private string name;
  private ProductId productId;
  private TenantId tenantId;
}
```

接下来要记录在查找聚合时必须用到的内在属性或者字段。在 Product 这个场景里，description 和 name 就是这样的属性。用户可以通过搜索其中的一个属性或者搜索全部两个属性来找到每一个 Product。我还提供了声明这两个内在属性的 C#代码。

```
public class Product : Entity
{
  ...
  public string Description
    { get; private set; }

  public string Name
    { get; private set; }
}
```

当然，你可以给内在属性添加简单行为，比如 Getter。在 C#中使用公有属性 Getter 就能做到。然而，你可能不想将 Setter 暴露成公有的。如果没有公有的 Setter，怎样改变属性的值呢？

当使用面向对象（C#、Scala 以及 Java）方法时，会使用行为方法来改变内部状态。如果使用函数式（F#、Scala 以及 Clojure）方法，函数将返回新的值，这些值和作为参数传入的值不同。

你应当承担对抗贫血领域模型[IDDD]的责任。如果暴露了公有 Setter 方法，用来设置 `Product` 的值的逻辑可能会在模型之外实现，这样很快会导致模型贫血。谨记这条警告，三思而后行。

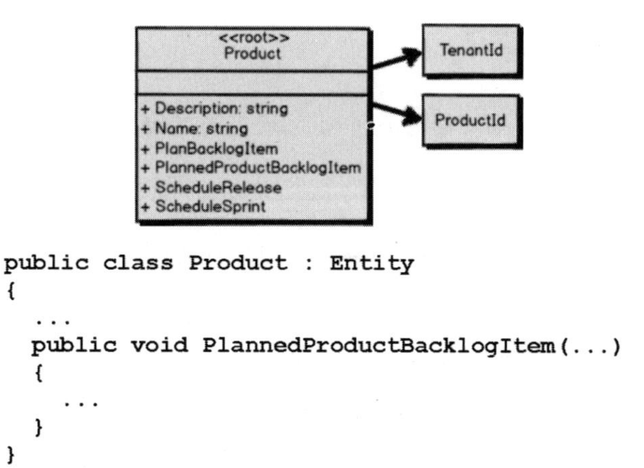

最后，会添加一些复杂的行为。这里有四个新方法要添加：PlanBacklogItem()、PlannedProductBacklogItem()、ScheduleRelease()和ScheduleSprint()。每个方法的C#代码都应该添加到这个类中。

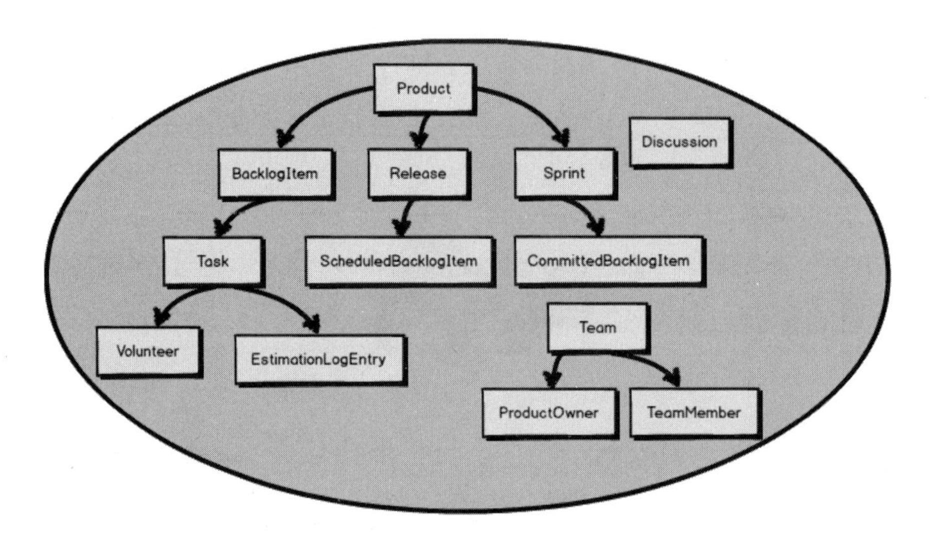

记住，运用 DDD 时，我们总是在一个限界上下文的范围内用通用语言进行建模。因此，Product 聚合的所有部分都是按照通用语言来建模的。这些组成部分都不是凭空想象出来的，这一切都体现出领域专家与开发人员的合作无间。

慎重选择抽象级别

有效的软件模型总是建立在一套对业务行为方式的抽象之上。所以，为每个建模中的概念选择适当的抽象级别是非常有必要的。

如果沿着通用语言的方向，你通常会建立合理的抽象。因为建模语言起码最初是由领域专家表达出来的，所以抽象建模会简单一些。尽管如此，有时候软件开发人员会过度热心于解决错误的问题，他们会建立过高的抽象级别。

以我们正在处理的 Scrum 的敏捷项目管理上下文为例。对已经讨论过的 Product、

Backlog、Release 以及 Sprint 这些概念所进行的建模当然合乎情理。即便如此，如果软件开发人员关心的不是在 Scrum 的通用语言中建模，而是对所有现在和未来的 Scrum 概念的建模更有兴趣呢？

如果沿着这个方向继续前进，开发人员很可能提出 ScrumElement 和 ScrumElementContainer 这样的抽象概念。ScrumElement 可以满足当前对 Product 和 BacklogItem 的要求，而 ScrumElementContainer 也可以表示 Release 和 Sprint 概念，这些当前的概念显然更具象。ScrumElement 可以包含一个 typeName 属性，它可以在不同的场景中被适当地设置成"Product"或者"BacklogItem"。我们也可以为 ScrumElementContainer 设计类似的 typeName 属性，并允许将它的值设置为"Release"或者"Sprint"。

你发现该方法的问题了吗？这里面的问题不少，但请主要思考以下几点：

- 软件模型的语言无法匹配领域专家的心智模型。
- 抽象级别过高，当你开始对每个独立概念类型进行建模时会陷入大麻烦。
- 这会导致每个类中都有特殊情况产生，并且可能造成使用通用方法去解决具体问题的复杂的类层次结构。
- 因为试图要先去解决无关紧要的无解问题，你将会编写比实际需要多得多的代码。
- 错误抽象的语言会殃及用户界面，并且将给用户带来困扰。
- 会浪费大量时间和金钱。
- 永远无法预先满足未来所有的需求，这意味着未来如果增加新的 Scrum 概念，现有模型对这些需求的预判会被证明是失败的。

这样的思路看起来有些奇怪，但由技术启发的实现中常常出现这种不正确的抽象级别。

不要被这个诱人的、实现高度抽象的陷阱所吸引，而要根据团队精练过的领域专家的心智模型，脚踏实地地对通用语言进行建模。通过对当下的业务需求进行建模，你将省去大量的时间、预算和代码，并且避免了不必要的麻烦。更重要的是，你将通过建立能体现有效设计的准确且实用的限界上下文模型来为业务提供有效的服务。

大小适中的聚合

你可能在思考如何确定聚合的边界并避免出现臃肿的设计，同时还要维持并保证真实业务不变性规则的一致性边界。在这里我提供了一个有价值的设计方法。如果你已经创建出了臃肿的聚合，你可以使用这种方法将它重构得更小巧，但我会从另一个角度来介绍这个方法。

思考下面这些可以帮助你达到一致性边界目标的设计步骤。

1. 将重点先放在聚合设计的规则二上："聚合要设计得小巧"。每个聚合一开始创建时只允许包含一个实体，并且它将作为聚合根。千万不要尝试在边界内放入两个实体。这样的机会很快就会出现。用你认为和单个聚合根关联最紧密的字段/属性填充每个实体。这里有一个重要的技巧是定义出每个用来识别和查找聚合的字段/属性，以及任何其他用于构造聚合并使之处于有效初始状态的内在属性。

2. 现在将重点放在聚合设计的规则一上："聚合边界内保护业务不变性规则"。在上一步中，已经声明了至少在单个实体持久化时所有内在字段/属性必须是最新的。但是现在需要一个一个地检查每个聚合。在检查聚合 A1 时，问问领域专家需不需要更新其他已定义的聚合，来响应聚合 A1 发生的改变。为每个聚合和它的一致性规则制作一个清单，还要记录所有这些基于响应的更新的时间范围。换句话说，"聚合 A1"作为清单的标题，如果其他的聚合类型也需要更新来响应 A1 的变化，就把它们罗列在 A1 之下。

3. 现在询问领域专家，每个基于响应的更新可以等待多长时间。答案会是两种：（a）即时发生；（b）在 *n* 秒/分/小时/天之内发生。一种可行的寻找正确的业务阈值的方法是，先抛出一个夸张到显然无法接受的时间范围（比如几周或几个月）。业务专家很可能会据此提出一个可接受的时间范围作为回应。

4. 对每一个即时发生的时间范围（3a），应该坚定地考虑把这两个实体合并到同一个聚合的边界之内。例如，聚合 A1 和聚合 A2 实际上将合并成一个新的聚合 A[1，2]。现在之前定义的聚合 A1 和聚合 A2 将不复存在。只剩下唯一的聚合 A[1，2]。

5. 对于每一个在给定等待时间（3b）内更新的响应聚合，将使用聚合设计的规则四来更新它们：“利用最终一致性更新其他聚合”。

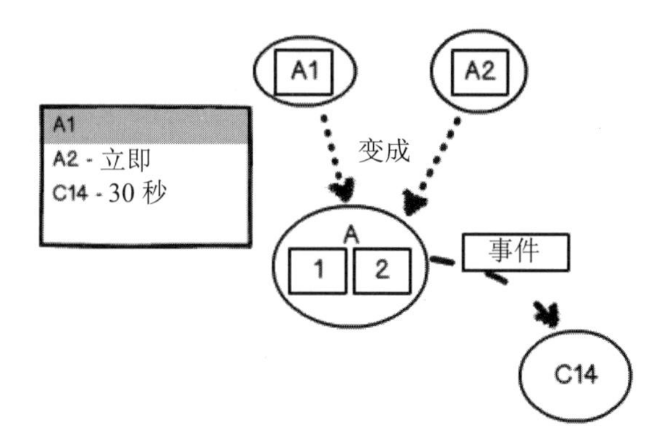

这张图中的焦点是聚合 A1 的建模。注意，在 A1 的一致性规则清单中，A2 的时间范围是即时发生，而 C14 的时间范围是最终发生（30 秒）。因此，A1 和 A2 被建模成单个聚合 A[1，2]。在运行时聚合 A[1，2]会发布领域事件，将导致聚合 C14 最终得到更新。

请注意，业务并不会强求每个聚合都符合 3a 标准（即时一致性）。当大部分设计活动受到数据库设计和数据建模的影响时，即时一致性可能成为一种非常强烈的趋势。这些干系人有着强烈的以事务为中心的观点。然而，业务很可能并不是在任何情况下都真的需要即时一致性。要改变这种想法，可能需要花时间证明，事务是如何因为多个用户在（现在还是）臃肿聚合的不同组成部分中并发更新而失败。此外，你可以指出这种臃肿设计会带来多少内存开销。显然，这些问题才是我们要优先避免的。

这个练习表明最终一致性是由业务驱动的，而不是由技术驱动的。当然，你必须找到一种方法在多个聚合之间完成技术上的最终更新，就像第 4 章中关于上下文映射的讨论一样。即便如此，只有业务才能决定发生在各种实体之间的更新的可接受时间范围。有些时间范围是即时或事务性的，这意味着它们必须由同一个聚合管理。而有些时间范围是最终一致的，这意味着它们可以通过领域事件和消息机制进行管理。假定业务只能通过纸制系统才可以完成操作，这样能激发一些有价值的思考，思考各种领域驱动的操作如何在业务操作的软件模型中工作。

可测试的单元

还应该将聚合封装设计得合理，让它们更适合单元测试。复杂的聚合将难以测试。遵循之前的规则指南将帮助你建立可测试的聚合模型。

单元测试和第 2 章以及第 7 章中讨论的业务需求的验证（验收测试）不同。单元测试的开发紧跟在场景需求验收测试创建之后。这里我们关心的是，测试聚合是否正确地做到了它应该做的事情。你希望推进所有活动来确保聚合的正确性、高质量和稳定性。为此可以使用单元测试框架，还可以参考很多关于如何有效进行单元测试的文献。这些单元测试和限界上下文息息相关，并且保存在限界上下文的源代码仓库之中。

本章小结

本章你学习了：

- 什么是聚合模式以及为什么应该使用它。
- 设计时牢记在一致性边界的重要性。
- 一个聚合的不同组成部分。
- 有效聚合设计的四条经验法则。

- 如何对聚合的唯一标识符进行建模。
- 聚合属性的重要性以及如何避免创建贫血领域模型。
- 如何对聚合的行为进行建模。
- 在限界上下文中始终遵循通用语言。
- 为你的设计选择适当抽象级别的重要性。
- 一种让聚合大小适中的技术，以及它如何蕴含着可测试性的设计。

关于实体、值对象以及聚合的更多更深入的处理，请参考《实现领域驱动设计》[IDDD]的第 5 章、第 6 章以及第 10 章。

第6章

运用领域事件进行战术设计

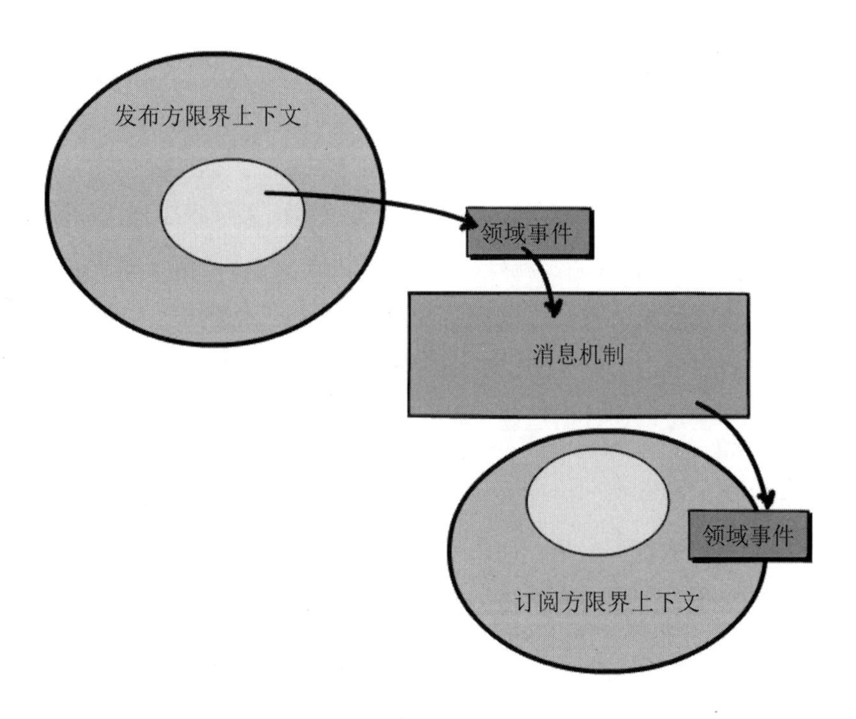

在前面的章节中已经学到了一些领域事件（*Domain Event*）的用法。领域事件是一条记录，记录着在限界上下文（*Bounded Context*）中发生的对业务产生重要影响的事情。目前为止，我们已经了解到领域事件是非常重要的战略设计工具。然而，领域事件往往会在战术设计的过程中被概念化并演变成核心域的组成部分。

我们通过因果一致性的概念来展现运用领域事件所产生的全部威力。如果业务领域中存在因果关系的操作——即一个操作会由另一个操作引起——在分布式系统的每个独立节点中它们被观察到的发生顺序都是一样的，这就是业务领域提供的因果一致性[Casual]。这意味着存在因果关系的操作必须按照特定的顺序发生，而且，如果前一个操作没有发生，那么后面的操作就不能发生。也许这就说明了，只有在一个聚合上明确地发生了特定操作的情况下，另一个聚合才能被创建或者修改：

1. Sue 发了一条消息说：“我的钱包丢了！”
2. Gary 回复说：“真倒霉！”
3. Sue 又发了一条消息说：“别担心，我找到钱包了！”
4. Gary 回复说：“那就好！”

如果这些消息被复制到多个分布式节点，却没有按照因果顺序排列，就可能会变成Gray对消息“我的钱包丢了！”回复“那就好！”。“那就好！”这条消息和“我的钱包丢了！”之间不存在直接关系或因果关系，这也不是 Gary 想让 Sue 或者其他人获得的消息。因此，如果因果关系没有以正确的方式实现，整个领域就会完全错误，或者至少会产生误会。这种因果的线性系统架构可以通过创建并发布顺序正确的领域事件来轻松地实现。

由于战术设计的不懈努力，领域事件在领域模型中落实，并且可以在自己的或者其他限界上下文中被发布和消费。这是一种非常有效的方式，它将已发生的重要事件告知感兴趣的监听器。接下来将学习如何建立领域事件模型以及如何在限界上下文中使用它们。

设计、实现并运用领域事件

下面的内容将通过一些必要的步骤引导你在限界上下文中完成有效的领域事件设计和实现。随后，还会有使用领域事件的例子。

<<interface>>
DomainEvent
OccurredOn: Date

```
public interface DomainEvent
{
  public Date OccurredOn
  {
    get;
  }
}
```

这段 C#代码可以被认为是每个领域事件都必须支持的最小接口。一般都要表达领域事件发生的日期和时间，所以这些信息由属性 `OccurredOn` 来提供。这个细节信息不是绝对必要的，但通常很实用。因此领域事件类型很有可能会实现这个接口。

必须重视领域事件类型的命名。使用的词语应该体现出模型的通用语言（*Ubiquitous Language*）。这些词语将形成连接模型中所发生的事情和外部世界的桥梁。就所发生的事情进行充分的沟通至关重要。

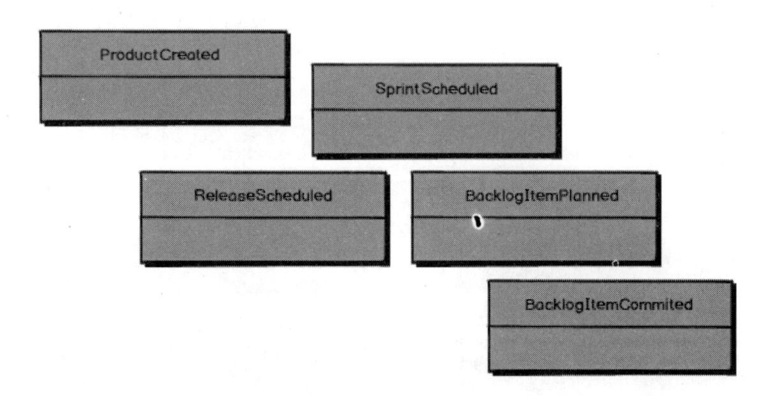

领域事件类型的名称应该是对过去发生的事情的陈述，即动词的过去式。这里有一些敏捷项目管理上下文中的例子：例如 ProductCreated 表明在过去的某个时间一个 Scrum Product 被创建了。

其他领域事件有 ReleaseScheduled、SprintScheduled、BacklogItemPlanned 和 BacklogItemCommitted。每个名称都清晰简洁地呈现了在核心域（*Core Domain*）中发生的事情。

领域事件的名称和属性组合在一起才能完整记录领域模型中发生的事情。但领域事件应该包含哪些属性呢？

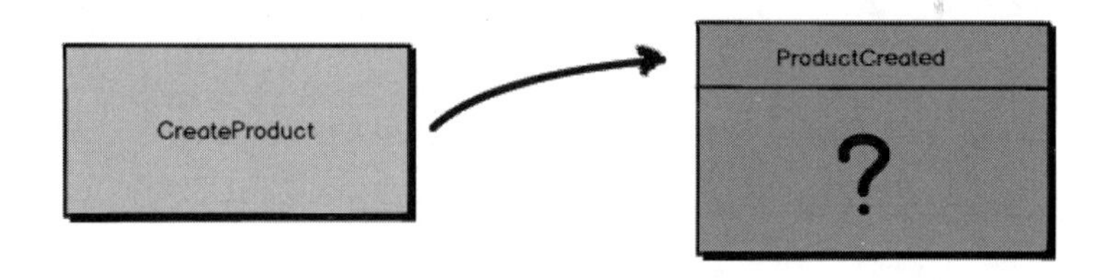

问问你自己：“是什么应用的刺激导致领域事件被发布出来？”在 ProductCreated 的例子中，它是由一个命令引起的（命令就是一个方法/动作请求的对象形态）。这个命令被命名为 CreateProduct。所以可以说 ProductCreated 就是命令 CreateProduct 的结果。

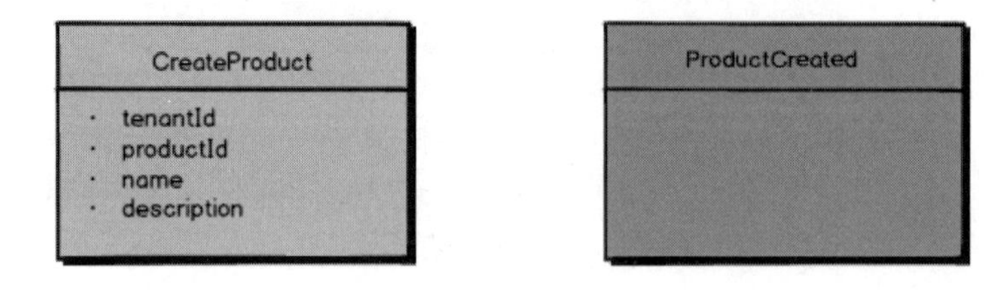

命令 CreateProduct 包含一些属性：（1）唯一标识订阅租户的 tenantId；（2）用来标识新创建的唯一的 Product 的 productId；(3)Product 的 name；(4)Product 的 description。每个属性都是创建 Product 时不可或缺的。

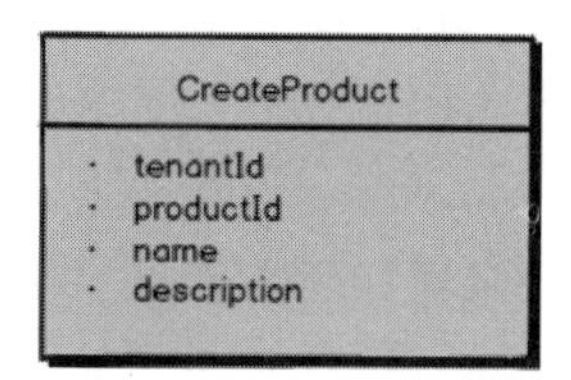

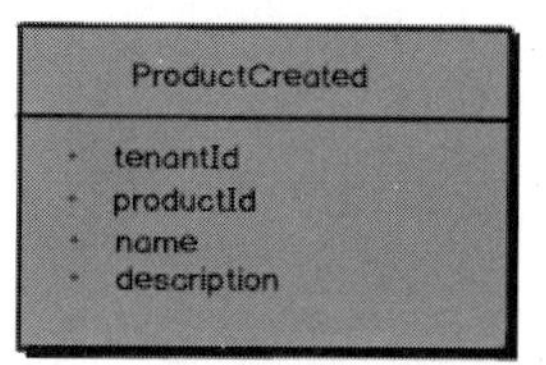

因此，领域事件 ProductCreated 必须包含导致 Product 被创建出来的那条命令提供的所有属性：（1）tenantId；（2）productId；（3）name；（4）description。它会完整精准地将模型中发生的事情通知给所有订阅者：即，一个 Product 被创建了，它是为 tenantId 代表的租户创建的，Product 通过 productId 被唯一标识，而且 name 和 description 被赋值给了 Product。

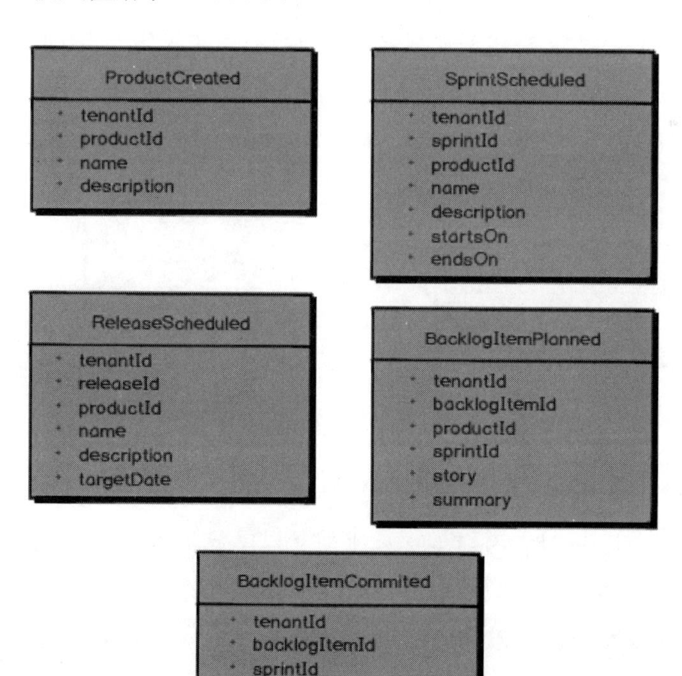

这五个例子很好地展示了，由敏捷项目管理上下文发布的各种不同的领域事件，应该包含哪些属性。例如，当一个 BacklogItem 被提交到 Sprint 中，领域事件 BacklogItemCommitted 被初始化并发布出来。这个领域事件包含了 tenantId，代表被提交的 BacklogItem 的 backlogItemId，以及代表它被提交的 Sprint 的 sprintId。

正如第 4 章中所述，有时可以使用额外的属性来增强领域事件。某些消费者不想在限界上下文中通过查询来获取他们需要的额外数据，对于这些消费者来说，用额外属性增强过的事件会很方便。即便如此，也必须特别小心，以避免把太多的数据塞给领域事件，从而导致它失去了本来的意义。例如，思考一下包含完整 BacklogItem 状态的 BacklogItemCommitted 所带来的问题。按照这个领域事件的定义，实际发生了什么？所有额外的数据都可能对此含义产生误导，除非消费者对 BacklogItem 元素有着深刻的理解。此外，再想一想使用包含 BacklogItem 完整状态的 BacklogItemUpdated 代替 BacklogItemCommitted。这个名字对 BacklogItem 上发生的事情的描述是模糊的，因为消费者不得不对比最新的 BacklogItemUpdated 和前一个 BacklogItemUpdated 才能理解究竟发生了什么。

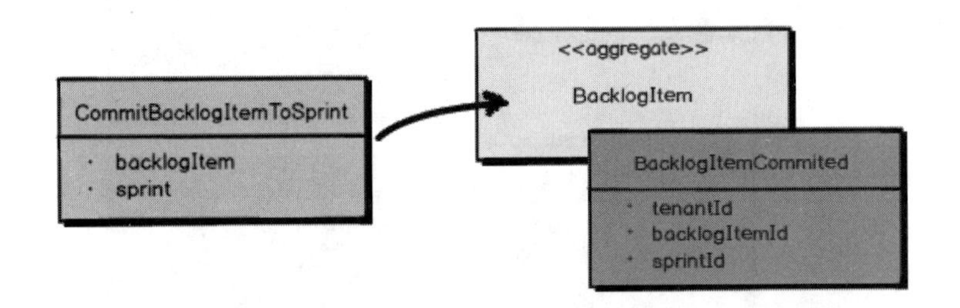

为了令我们更清楚地理解正确使用领域事件的方法，看看这样一个场景。产品负责人向 Sprint 提交了一个 BacklogItem。这个命令自己会加载 BacklogItem 和 Sprint，然后会在聚合 BacklogItem 上执行。这导致 BacklogItem 的状态被修改，随后领域事件 BacklogItemCommitted 被作为结果发布出来。

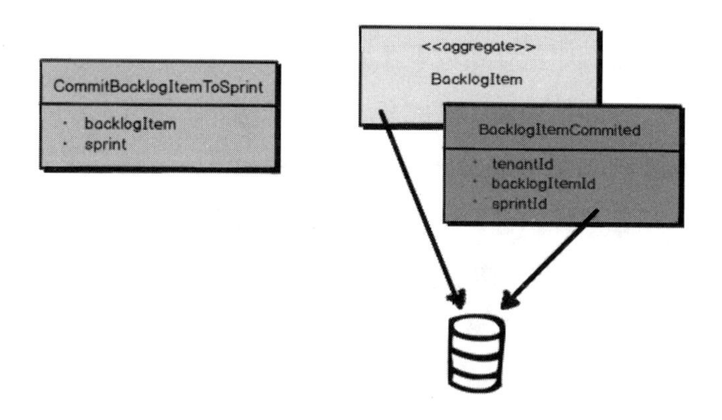

在同一次事务中同时保存修改过的聚合和领域事件非常关键。如果你使用的是对象关系映射工具，可以把聚合保存在一张表里，并且把领域事件保存在另一张事件存储表中，然后提交事务。如果你使用的是事件溯源（*Event Sourcing*），聚合的状态可以完全由领域事件自己表达。我将在本章下一节讨论事件溯源。无论使用哪种方式，在事件存储中对领域事件进行持久化都会保留它们之间的因果顺序，这些顺序和在领域模型中发生的事件相关。

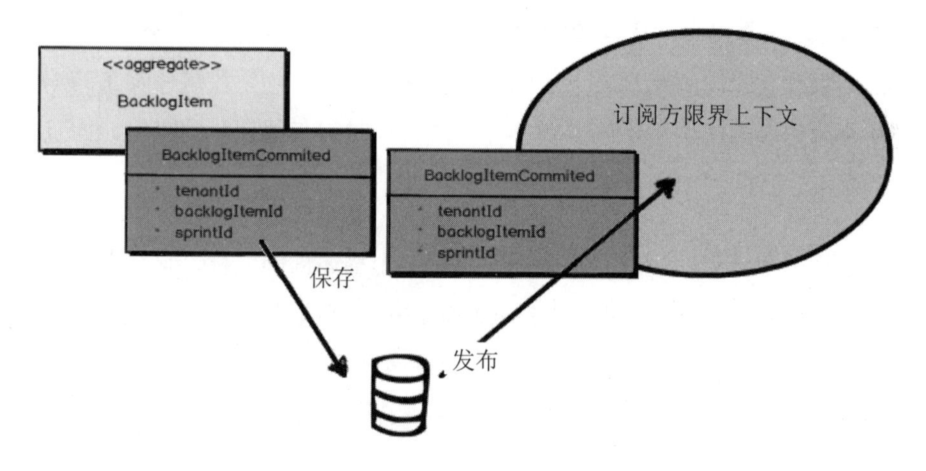

一旦领域事件被保存到了事件存储中，它就可以发布给任何对它感兴趣的订阅方。这可能发生在自己的限界上下文中也可能发生在外部的限界上下文中。这是你向世界宣告的方式，宣告在你的核心域中发生了一些值得关注的事件事情。

注意，只是按照因果顺序保存领域事件并不能保证这些事件会以同样的顺序到达其他的分布式节点。因此，识别出正确因果关系的重任就落到了消费事件的限界上下文肩上。因果关系可以由领域事件类型本身表明，或者由和领域事件关联在一起的元数据表示，比如一个序列标识符或者因果标识符。序列标识符或者因果标识符可以表示导致领域事件发生的原因事件，如果原因事件尚未出现，消费者必须等它到达后才能处理先前到达的（结果）事件。某些情况下，可以忽略潜在的领域事件，这些事件已经被后续事件的关联动作取代，这种情况下因果关系具有可消除的影响。

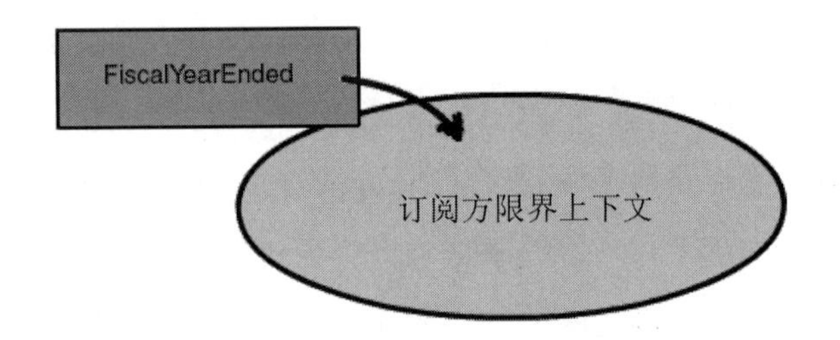

关于导致领域事件的原因还有一点值得注意。尽管事件通常都是用户在用户界面发起的命令导致的，但有时领域事件可能由其他原因引起。这些原因可能是快要到期的计时器，比如营业日结束或者一周、一月、一年的结尾。这种情况下，导致事件发生的原因不是命令，因为某个时间段的结束是一个事实。你不能抗拒时间范围到期的事实，而且如果业务关注了这个事实，时间到期会被建模成领域事件而不是命令。

而且，这样一个会到期的时间范围通常会有一个描述性的名称，这个名称会成为通用语言的一部分。例如，“财年截止”（Fiscal Year End）可能是业务需要响应的一个重要事件。又比如，华尔街的下午 4 点（16 点整）并不是简单的下午 4 点，而被认为是“收盘”。因此，基于时间的特殊领域事件应该拥有合适的名称。

命令和领域事件的不同在于，某些情况下不恰当的命令可以被拒绝，比如某些资源（产品、资金等）的供应和可用性或者其他业务层面的验证导致的情况。所以，命令可能被拒绝，而领域事件是历史事实，必须无条件地接受。尽管如此，为了响应基于时间的领域事件，应用可能需要生成一条或多条命令，来执行一些动作。

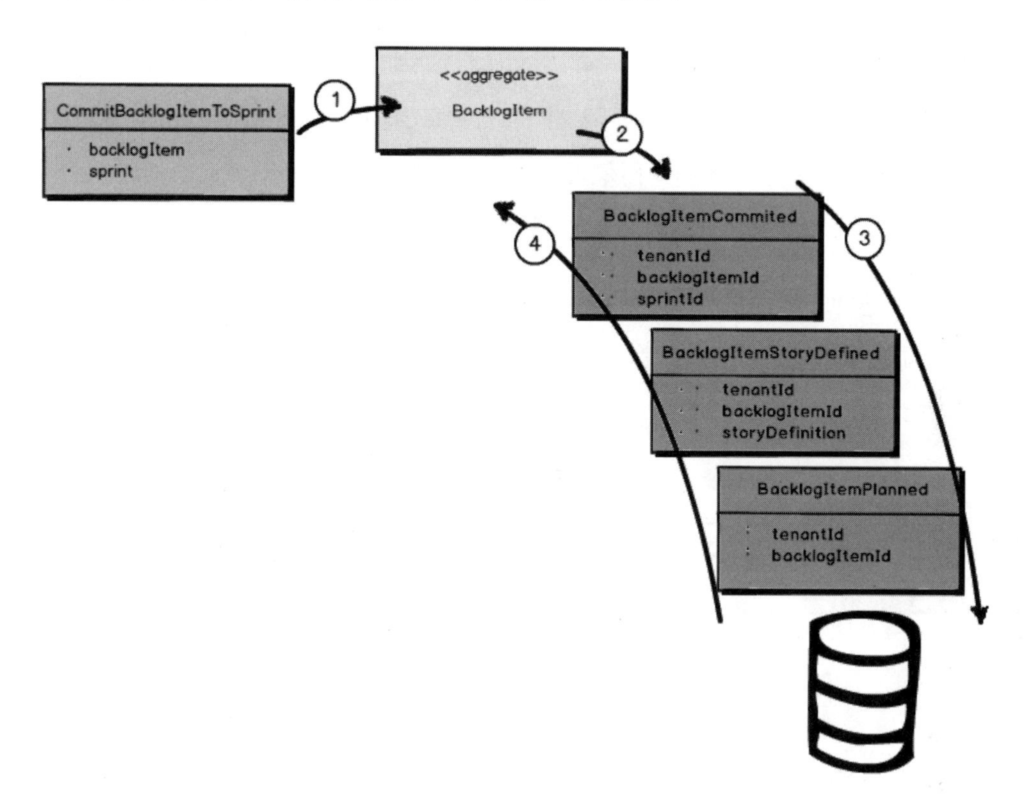

事件溯源

事件溯源（Event Sourcing）可以描述为，对所有发生在聚合实例上的领域事件进行持久化，把它们当作对聚合实例变化的记录。你存储的是发生在聚合上的所有独立事件，而不是把聚合状态作为一个整体进行持久化。

一个聚合实例上发生的所有领域事件，按照它们原本发生的顺序，组成了该实例的事件流。事件流从聚合实例上发生的第一个领域事件开始，到最近发生的领域事件结束。当指定的聚合实例上发生了新的领域事件时，这些事件被追加到该实例事件流的末尾。在聚合上重新应用事件流，可以让它的状态从持久化存储中被重建到内存中。换句话说，使用事件溯源时，出于任何原因从内存中移除的聚合将依据它的事件流完整地进行重建。

在上图中，最先发生的领域事件是 `BacklogItemPlanned`，接下来是 `BacklogItemStoryDefined`，而最近刚刚发生的是 `BacklogItemCommitted`。完整的事件流现在由这三个事件组成，它们按照图中呈现的顺序排列。

和之前描述的一样，每个发生在指定聚合实例上的领域事件都是由命令引起的。在上图中，刚刚被处理的命令是 `CommitBacklogItemToSprint`，并且由此导致事件 `BacklogItemCommitted` 发生。

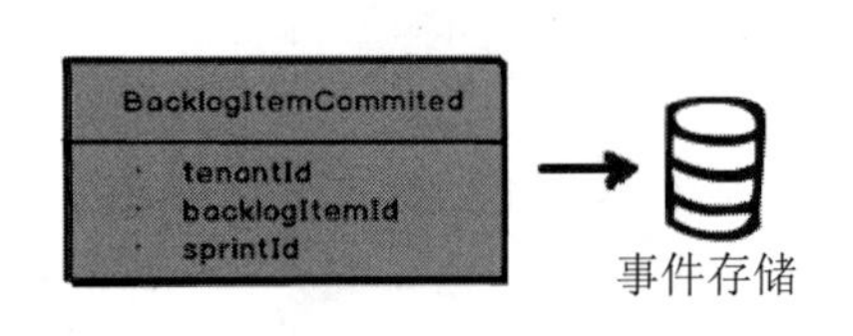

Stream Id	Stream Version	Event Type	Event Content
backlogItem123	1	BacklogItemPlanned	{ ... }
backlogItem123	2	BacklogItemStoryDefined	{ ... }
backlogItem123	3	BacklogItemCommitted	{ ... }
...	N	...	{ ... }
...	N	...	{ ... }
...	N	...	{ ... }

事件存储就是一个顺序存储集合或者一张表，所有领域事件都被追加到其中。由于事件存储只允许追加记录，从而使得存储进程非常快，所以可以规划在核心域上使用事件溯源，来达到高吞吐量、低延迟和高伸缩性。

性能意识

如果关注的重点之一是性能，就需要了解缓存和快照的知识。首先，性能最好的是那些缓存在内存中的聚合，每次用到它们时不需要从存储中进行重建。使用 Actor 作为聚合的 Actor 模型[Reactive]是一种更为简便的保持缓存聚合状态的方法。

可以使用的另外一种工具是快照[1]，从内存中释放的聚合能够以最优方式进行重建，而不需要加载事件流中的每个领域事件，这样可以节省加载时间。这将转变成在数据库中对聚合（对象、Actor 或记录）的一些增量状态的快照进行维护。快照在《实现领域驱动设计》[IDDD]和《响应式架构：消息模式 Actor 实现与 Scala、Akka 应用集成》[Reactive]中有更详细的讨论。

使用事件溯源最大的优势之一就是它在独立事件这个级别保存了核心域中发生的一切。这会从各个方面对业务产生非常大的帮助，有一些现在就能想象得到，比如合规性检查和数据分析，还有一些将来才会意识到。它还有一些技术上的优势，例如，软件开发人员可以利用事件流检查使用趋势或者调试源码。

在《实现领域驱动设计》[IDDD]中可以找到关于事件溯源技术的内容。另外，当使用事件溯源时，几乎一定会同时使用 CQRS。相关主题的讨论也可以在《实现领域驱动设计》[IDDD]中找到。

本章小结

本章学习了：

- 如何创建和命名领域事件。
- 定义和实现标准领域事件接口的重要性。
- 合理地命名领域事件非常重要。
- 如何定义领域事件的属性。

1 Snapshot，是事件溯源必须支持的一种机制。如果每次读取聚合实例时，都要从头至尾将所有事件依次“重播”一遍，这样产生的性能开销可想而知，尤其事件数量特别多的时候。随着系统规模的扩大和时间的推移，这显然是无法避免的。而快照可以在某个时间点将聚合实例的完整状态进行持久化，之后的读取只需要在这次保存下来的最新状态上“重播”之后发生的事件，这样可以极大地提升性能。——译注

- 一些领域事件可能是由命令引起的，而另一些事件可能由其他变化的状态引起，比如日期和时间。
- 如何把领域事件保存到事件存储中。
- 在领域事件保存后如何发布它们。
- 事件溯源的相关内容，以及领域事件如何存储和使用才能表示聚合的状态。

关于领域事件和集成的更深入的处理，请参考《实现领域驱动设计》[IDDD]的第 8 章和第 13 章。

第7章 加速和管理工具

当使用 DDD 时，我们的任务是深入学习业务如何运作，然后基于学习的范围建立软件模型。这实际上是一个学习、试验、质疑、再学习和重建模型的过程。我们要从大量学到的内容中研磨和提炼知识，并创造出能有效满足组织战略需要的设计。我们面临的挑战是如何快速地学习。在快节奏的行业中，我们在和时间赛跑，因为时间很关键，并且往往促使我们做出许多决定，有些决定甚至超出了我们的能力范围。如果不能按时、按预算交付，无论我们的软件可以达到什么样的高度，我们都会失败，但每个人都希望我们在各个方面取得成功。

有些人试图说服管理层，大多数项目的时间估算没有价值也不能成功地被采用。我不确定这些尝试在大型项目中的效果，但和我共事的每个客户仍然承受着在给定时间范围内完成交付的压力，这会迫使时间盒变成设计/实施的瀑布流程。即使在最乐观的情况下，这也会变成软件开发人员和管理层之间的拉锯战。

不幸的是，应付这种负面压力的一种普遍手段是，牺牲设计来节省时间和缩短周期。第 1 章我们就说过，无论是因为糟糕的设计而挣扎，还是因为交出了有效甚至优秀的设计而成功，设计都是不可或缺的。所以，我们应该尝试不打折扣地满足时间要求，并加速设计，这要运用一些方法，这些方法能够帮你在面对时间限制时交出最佳设计。

为此，我将在本章提供一些非常实用的加速设计和项目管理的工具。首先会讨论事件风暴（*Event Storming*），然后总结一种方法，该方法利用协作过程中的产出物来做出有意义的估算，最重要的一点是，这些估算是可以达成的。

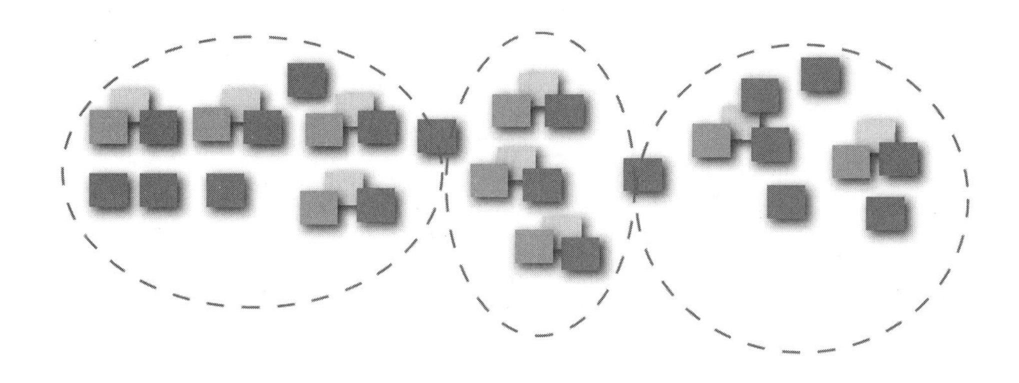

事件风暴

事件风暴是一种快速的设计技术，让领域专家和开发人员都可以参与到这个快节奏的学习过程中。它聚焦于业务和业务流程，而非名词概念和数据。

在学习事件风暴之前，我使用过一种被我称为事件驱动建模的技术。它通常涉及对话和具体的场景，还会用到非常轻量的 UML，并以事件为中心的方式建模。UML 的相关步骤可以只用白板完成，也可以使用工具记录。然而，你可能已经意识到，很少有业务人员能了解或精通哪怕是最简化的 UML。所以，练习中建模部分的大多数工作就留给了我和另外一位有些 UML 基础的开发人员。这是一种非常有用的方法，但必须想办法让业务专家直接参与整个过程。这很可能意味着要放弃 UML，转投另一种更具吸引力的工具。

几年前，我是在 Alberto Brandolini[Ziobrando]那里第一次学习到事件风暴，他也曾经试验过其他形式的事件驱动建模方法。一次偶然的机会，因为时间所剩无几，Alberto 决定放弃 UML 转而使用便利贴。一种能让房间里所有人都直接参与其中的快速学习和进行软件设计的方法由此而诞生。下面是该方法的一些优点：

- 这是一种有很强参与感的方法。每个人都拿着一叠便利贴和马克笔，随时可以加入学习和设计的讨论中。业务人员和开发人员在平等的基础上共同学习。每个人都使用通用语言提出建议。
- 它令每个人都聚焦于事件和业务流程，而不是类和数据库。
- 这是一种高度视觉化的方法，消除了试验过程中的代码，让每个人平等地参与到设计过程中。
- 它实施起来非常快，投入成本也很低。只需花几个小时，而不用数周，就差不多可以通过头脑风暴得出粗略形式的核心域模型。如果后来发现写在便利贴上的内容不对，把它揉成一团扔掉即可。这样的错误只会花费几分钱且谁也不会因为担心浪费已经投入的精力而拒绝改善设计的机会。
- 你的团队成员无一例外地会取得对业务理解的突破。有些成员在加入讨论之前认为他们已经非常了解特定的核心业务，但是无论怎样，他们都会带着对业务流程更深入的认知甚至新颖的见解离开。
- 每个人都能学到东西。无论是业务专家还是软件开发人员，都会带着对现有模型新鲜且清晰的理解离开讨论。这不同于业务理解上取得的突破，对于模型本身的理解也很重要。在许多项目中，一部分甚至大多数项目成员根本不了解他们的工作内容，直到代码出现问题，才发现为时已晚。快速产出模型能帮助每个人消除误解，朝着统一的方向和目标前进。

- 这意味着你已经尽早、尽快地在模型和认知中识别出了问题，扫除误解并将结论作为新的见解善加利用。屋子里的每个人都将受益匪浅。
- 宏观（*Big-Picture*）的建模和设计级别（*Design-level*）的建模都可以使用事件风暴。宏观的事件风暴不追求细节，而设计级别的事件风暴会引导你完成一些特定的软件产出物。
- 不必强求一次风暴讨论就能解决所有问题。可以先从一次两小时左右的风暴讨论开始，然后休息。枕着前一天的成果入睡，第二天再花上一两个小时来扩展和完善。如果每天两小时，连续做上三四天，你将会深入地理解核心域以及它和周边子域之间的集成。

下面的这份清单列出了当通过事件风暴进行建模时要邀请的人员、要具备的思维方式和要准备的材料：

- 邀请合适的人员是最基本的要求，领域专家和开发人员都要在模型上工作。每个人都会提出问题，也能给出问题的答案。为了互相支持，他们全部都要在同一个房间里参与建模讨论。
- 每个成员都应该以开放包容的心态参与讨论。我在事件风暴讨论中观察到的最大问题就是，人们总是苛刻地追求正确和速度。创建事件的时候别犹豫，多多益善，因为你可以从中学到更多的东西，将来还有时间既快速又经济地完善这些事件。
- 手边要有各种颜色的便利贴，永远不要嫌多。你至少需要这几种颜色：橘色、紫/红色、浅蓝色、淡黄色、浅紫色和粉红色。你会发现其他颜色（比如绿色，后面的例子会用到）的便利贴也能派上用场。便利贴的尺寸应该是正方形（边长7.62cm）而不是那种更常见的矩形。便利贴上不需要写太多字，通常只用写几个词语。要考虑选一些贴得更牢的便利贴，你不会想看到便利贴散落在地上。
- 每个人都需要一支黑色马克笔，用它写的字清楚醒目。粗字笔效果最好。
- 找一面可以用来建模的宽墙。墙的宽度比高度更重要，但你用来建模的墙面至少需要 1m 的高度。墙面宽度最好没有限制，10m 左右的宽度应该是最低要求。通常可以使用长的会议桌或者地板来代替这样的可用墙面。会议桌的问题是它始终会限制你的施展空间，而地板的问题在于团队中未必所有成员都能轻松地够得着。所以，墙是最好的选择。

- 准备一大卷白纸，通常可以在美术用品店、文具/教具店买到，甚至可以在宜家买到。白纸的尺寸应该和前面提到的墙面一样，宽 10m，高 1m，使用强力胶带将白纸贴在墙上。有些人选择使用白板代替白纸，这样虽然可以工作一段时间，但是白板上的便利贴会慢慢失去黏性，特别是反复地在不同位置上揭开又重贴之后。白纸上的便利贴会贴得更久，如果你的建模活动打算进行大概三四天，而不是在几个小时的会议内结束，那么便利贴粘贴的寿命至关重要。

准备好基本的材料，并邀请到合适的参与讨论的人员，就可以开始了。考虑按照下面的步骤，一步一步来。

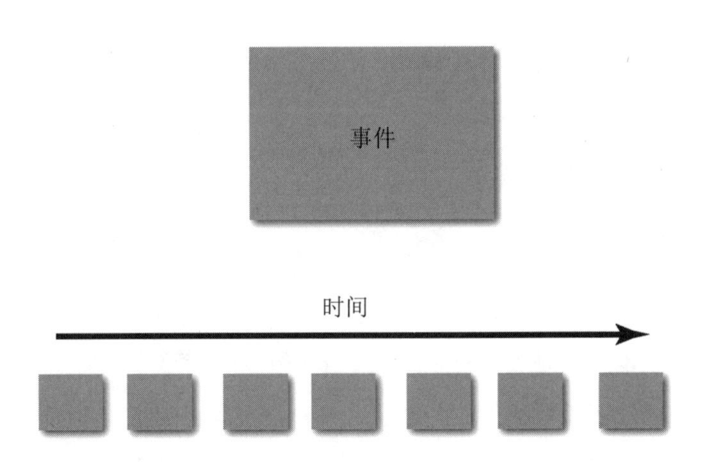

1. 通过创建一系列写在便利贴上的领域事件，快速梳理出业务流程。最流行的代表领域事件的便利贴颜色是橘色。橘色让建模平面上的领域事件最显眼突出。
   下面是在创建领域事件时应该遵守的一些基本规则。

   - 在创建领域事件时要强调我们优先和主要关注的是业务流程，而不是数据及其结构。这可能要花费 10~15 分钟才能让团队适应，但是请按照我这里列出的步骤慢慢来，别着急略过任何步骤。

- 把每个领域事件的名称写在一张便利贴上。在前面的章节中已提到，事件的名称应该是动词的过去式。例如，可以命名某个事件为`ProductCreated`，而命名另一个事件为`BacklogItemCommitted`（当然可以把这些名称分成几行写在便利贴上）。如果正在进行的是宏观的事件风暴，并且你认为这些名称对参与者来说过于细致，请使用其他名称。
- 把这些写好事件的便利贴按照时间顺序摆放在建模平面上，即按照每个事件在领域中发生的先后顺序从左到右排列。从建模平面上最左边的、最先发生的领域事件开始，逐步地向右推进。有时可能没有搞清楚确切的时间顺序，那就把领域事件放在平面的其他地方。对于它“何时发生”的这个问题，可能稍后才会变得清晰。
- 按照业务流程，有些领域事件会和其他事件并行发生，可以把这些事件摆放在同时发生的领域事件的下方。这样，就可以使用纵向的空间来表示并行处理。
- 在风暴讨论的这个步骤中，会在已有的或新的业务流程中发现问题点。将它们清楚地记录在紫/红色的便利贴上，并用一段文字解释为什么它是一个问题点。你需要在这些问题点上投入更多的时间来学习。
- 有时领域事件将导致一个需要执行的流程（*Process*）。流程可以是一个单独步骤，也可以是多个复杂步骤。由每个领域事件导致执行的流程都应该被命名并记录在浅紫色的便利贴上。请从领域事件开始绘制一条带箭头的连线，最终指向这个命名流程（浅紫色便利贴）。只用对那些核心域中非常重要的细粒度领域事件进行建模。用户注册的流程或许是必需的，但可能不会被视为应用程序的核心功能。应该将注册流程创建成一个粗粒度的事件`UserRegistered`，然后继续建模。把精力集中于需要解决的更重要的问题上。

如果你认为已经穷尽了所有可能的重要领域事件，那么可以休息一下，稍后再回到建模的讨论中。一天之后再次回到建模平面前，你将可以找到之前缺失的一些概念，还可以改进或抛弃那些之前认为重要但现在却发现无关紧要的概念。即便如此，在某个时刻，你将识别出大部分最重要的领域事件。这时你应该继续下一步。

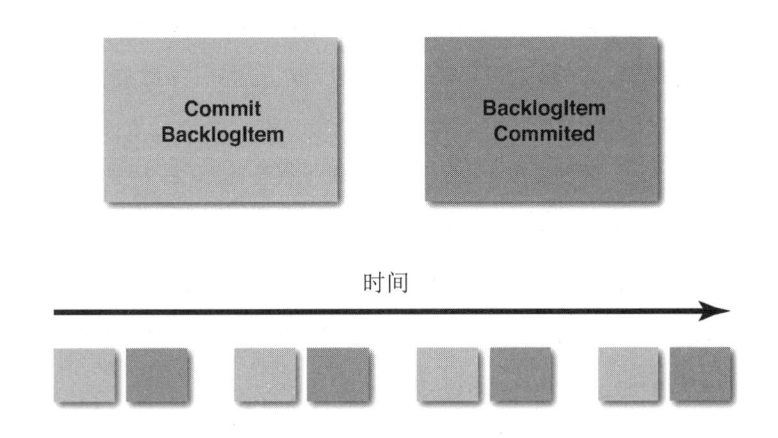

2. 创建导致每个领域事件发生的命令。有时，领域事件由其他系统中所发生的事情引发，作为结果流入系统中。但是，命令（*Command*）通常是某个用户操作的结果，而且命令的执行将导致领域事件的发生。命令应该被描述成指令式的，比如 `CreateProduct` 和 `CommitBacklogItem`。下面是一些基本指南：

    - 在浅蓝色便利贴上，写下导致每个领域事件发生的对应命令的名称。例如，如果有一个名为 `BacklogItemCommitted` 的领域事件，导致该事件发生的对应命令的名称是 `CommitBacklogItem`。
    - 把代表命令的浅蓝色便利贴紧挨着摆放在由它引起的领域事件的左边。它们被成对地关联在一起：命令/事件、命令/事件、命令/事件，一对接一对。记住有些领域事件是由即将到达的时间期限引起的，因此不存在对应的显式命令导致它发生。
    - 如果存在一个执行动作的特定用户角色，并且这一点很重要，可以在浅蓝色命令的左下角贴上一张亮黄色的小便利贴，画上一个简笔小人并写上角色的名称。上图的示例中，“产品负责人”就是执行这个命令的角色。

- 有时命令将会导致流程的执行。流程可以是一个单独步骤，也可以是多个复杂步骤。每个命令导致执行的流程都应该被命名并记录在浅紫色的便利贴上。从命令开始绘制一条带箭头的连线，最后指向这个命名流程（浅紫色便利贴）。实际上，流程将触发一个或更多的命令以及这些命令后续的领域事件，如果现在你就知道这些内容，请用便利贴表示它们，并标明它们是由该流程触发的。
- 按照从左到右的时间顺序继续处理下一个命令/事件对，和先前创建领域事件时一样。
- 创建命令很有可能让你想到一些之前没有预料到的领域事件（比如上面发现的浅紫色流程或者其他事件）。继续把新发现的领域事件和它对应的命令摆放在建模平面上，记录下这些新的发现。
- 你还会发现一个命令可能导致多个领域事件发生。这很正常。创建一个命令，把它摆放在那些由它引起的所有领域事件的左边。

一旦将所有的命令和它们导致的领域事件关联在一起，就可以进入下一个步骤了。

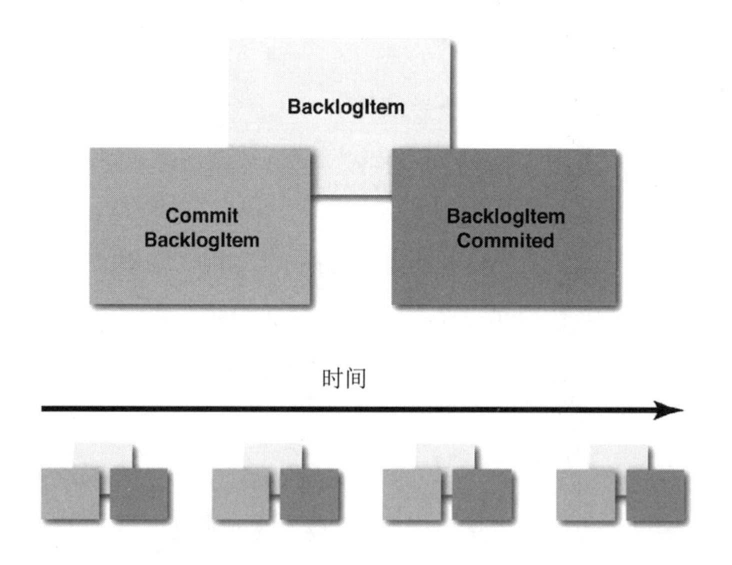

3. 把命令和领域事件通过实体/聚合[1]关联起来，命令在实体/聚合上执行并产生领域事件的结果。实体就是命令执行和领域事件触发的数据载体。在如今的 IT 世界中，绘制实体关系图通常是最流行的第一个步骤，但以此为起点却大错特错。业务人员并不了解这些关系图，很快就会失去沟通的兴趣。事实上，这个步骤已经在事件风暴中被推迟到了第三步，因为我们更关注业务流程而非数据。即便如此，我们确实需要在某个时候考虑数据，现在是时候了。在这个阶段，业务专家可能会理解数据在模型中扮演的角色。下面是一些建立聚合模型的指南：

    - 如果业务人员不喜欢聚合这个词，或者这个词以任何形式干扰了他们，就应该使用其他名称。通常他们可以理解实体，或者干脆称之为数据。重要的是，团队可以利用便利贴清楚地沟通它们代表的概念。使用淡黄色便利贴表示所有聚合，把每个聚合的名称都写在便利贴上。这个名称是一个名词，比如 `Product` 或 `BacklogItem`。模型中的每个聚合都要完成这一步。
    - 把命令和领域事件便利贴一起贴在聚合便利贴上，聚合便利贴稍微靠上和其他两张便利贴错开一些。换句话说，你应该能看到聚合便利贴上的名词，而命令和领域事件便利贴应该分别贴在聚合便利贴的左下角和右下角，这样表明它们是关联在一起的。如果想让这些便利贴之间多错开一些距离也没有问题，但是要清楚地表示哪些命令和领域事件是属于哪个聚合的。
    - 沿着业务流程的时间线移动，你很可能会发现一个聚合被反复地使用。不用调整时间线让所有命令/事件对都贴在同一张聚合便利贴上，而应该用多张便利贴，都写上同一个聚合的名字，分别贴在时间线上对应命令/事件对出现的地方。我们的重点是对业务流程建模，而业务流程是按时间发生的。

---

1 在这个步骤中，虽然引用了 DDD 中的两个概念“实体”和“聚合”，但它们所表达的含义和《领域驱动设计》[DDD]一书中的这两个概念的含义有所不同。Eric 在书中强调，“实体”是对业务对象的抽象，属于解决方案；“聚合”由一个或一组实体所组成，也属于解决方案。而当下，我们的团队还处于对业务问题域的分析和理解过程中，因此译者建议读者将该步骤中的“实体”看成客观的业务对象；将“聚合”看成一个拥有生命周期的状态机，并由一个或一组业务对象所组成。——译注

- 当你思考和各种操作相关的数据时，可能会发现新的领域事件。不要忽视这些事件，而应该将新发现的领域事件和对应的命令和聚合记录下来，放在建模平面上。你还可能会发现某些聚合过于复杂，需要将它们拆分成一个托管的流程（浅紫色便利贴）[1]。不要放过任何改善的机会。

设计阶段进行这一步后，还可以选择执行一些额外的步骤。还要理解一点，如果使用的是第 6 章中提到的事件溯源，你对核心域实现的理解已经迈进了一大步，因为事件风暴和事件溯源中存在大量的重叠内容。当然，事件风暴越宏观，它离真实的实现就越远。不过，也可以使用同样的技术来完成设计级别的建模。根据我的经验，团队倾向于在同一次事件风暴的讨论中，不断切换宏观和设计级别的视角。最后，对某些细节理解和学习的追求会驱使你超越大局观，接近最基本的设计级别的模型。

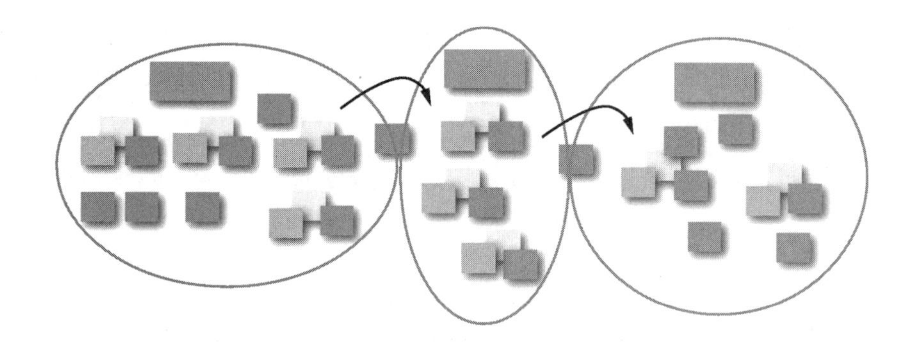

4. 在建模平面上画出边界和表示事件流动的箭头连线。在事件风暴的讨论中，很可能已经发现了多个模型和在这些模型之间流动的领域事件。下面是处理这些模型和事件方法：

   - 简要地说，你非常有可能在下面这些条件满足时发现边界：部门分界出现时、不同业务人员对相同术语的定义出现冲突时，或者非常重要但不属于核心域的某个概念出现时。

1 就和前面步骤中发现的登录流程一样，它包含很多领域事件和命令，复杂但不属于核心域，使用浅紫色便利贴表示就可以。——译注

- 可以用黑色马克笔在建模平面的白纸上绘制边界。要把上下文边界和其他类型的边界区分开。使用实线表示限界上下文边界，使用虚线表示子域边界。显然，绘制在纸上的边界是永久性的，所以请在动笔前确保你对这层细节的理解是准确的。如果你想先把模型围起来并且还可以方便地调整边界，请使用粉红色的便利贴标出大概区域，不要用永久性马克笔绘制边界，直到你具备了判断边界是否准确的信心。
- 把粉红色便利贴摆在不同的区域边界内，并在这些便利贴上写上代表该区域内容的名字。这就是在给限界上下文命名。
- 绘制箭头连线来表示领域事件在限界上下文之间的流动方向。这是一种交流领域事件如何抵达系统的简单方法，这些领域事件并非由限界上下文中的命令引起。

有关这些步骤的其他细节应该直观明了，交流只需用到边界和连线。

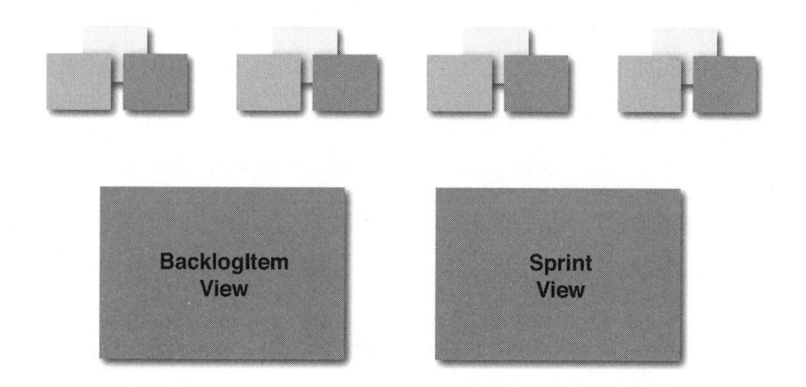

5. 识别用户执行操作所需的各种视图（View），以及不同用户的关键角色。

- 不一定展示用户界面提供的所有视图，或者根本不需要展示任何视图。你觉得需要展示的任何视图都应该是非常重要的并且在创建时需要特别留意。这些视图产出物可以用建模平面上的绿色便利贴表示。请绘制那些最重要的用户界面视图的快速原型（或者线框图），如果这样做有帮助的话。

- 你还可以使用亮黄色便利贴来表示各种不同的重要用户角色。再次重申，只有当关于用户和系统交互的重要事项，或者系统针对用户的特定角色要完成的事情需要交流时，才需要展示这些内容。

第 4 步和第 5 步很可能就是你需要加入事件风暴练习之中的全部额外步骤。

其他工具

当然，这并不妨碍你进行试验，比如在建模平面上加入其他图形，并在事件风暴讨论中尝试其他建模步骤。请记住，这是关于设计的学习和沟通的过程，可以使用任何必要的工具将团队拧成一股绳来进行建模。只是要小心抵制仪式化，因为这会浪费很多资源。下面是其他的一些创意。

引入按照“假如/当/那么（Given/When/Then）”的格式编写的可执行的高级需求说明，也被称为验收测试。你可以在 Gojko Adzic 的《实例化需求》[Specification]一书中读到更多相关的内容，我在第 2 章中提供了一个例子。请注意，不要过度使用这种方法，别让它们消耗了全部精力，或是让它们显得比实际的领域模型还要重要。我做过估算，使用和维护可执行的需求说明来代替常见的基于单元测试的方法（在第 2 章中也有描述），需要花费 15%~25%的额外时间和精力，还要在模型不断变化的同时保持需求说明和当前业务方向一致，这很容易就陷入困境。

试试影响力地图[1][Impact Mapping]，确保你设计的软件是核心域，而不是一些不太重要的模型。这也是 Gojko Adzic 创造的方法。

参考 Jeff Patton 的用户故事地图[2][User Story Mapping]。可以通过这种方法将重点放在

1 影响力地图（Impact Mapping）是一个简单却极高效的协作性的策略规划方法，请参考《影响地图：让软件产生真正的影响力》[Impact Mapping]一书。——译注

2 用户故事地图（User Story Mapping）是敏捷需求规划中的流行方法。请参考《用户故事地图》[User Story Mapping]一书。——译注

核心域，并搞清楚应该将资源投入哪些软件特性。

上面这三种补充工具有很大一部分和 DDD 的思想重叠，而且非常适合引进到任何采用 DDD 的项目上。所有这些工具都可以在全力加速的项目中使用，它们不是那么的仪式化，而且实施成本很低。

在敏捷项目中管理 DDD

前面我曾提到过周围正在发生的名为拒绝估算（*No Estimates*）[1]的运动。这种方法拒绝采用常见的估算形式，比如故事点或者工时。它关注价值的交付更胜于关注成本的控制，对于即使只需要几个月完成的任务都不做估算。我不反对这种做法。然而，在撰写本书时，我合作的客户仍然需要提供估算并限制任务时间，比如实现同等的细粒度功能所需的编程工作量。如果拒绝估算适合你和你的项目，那就接受它。[2]

我还了解到，DDD 社区中的一些人为了在项目中实施 DDD，定义了他们自己的基本流程或流程实施框架。当这些流程或框架被某个团队接受时，可能会有效并运转良好。但是，在那些已经把资源投入敏捷实施框架（例如 Scrum）的组织里，这些流程或框架要获得支持可能会更加困难。

---

1 No Estimates，最早源于 Twitter 上一个 Hashtag（话题）“#NoEstimates”。最初，一些开发者在这个话题下讨论估算的替代方法，这些讨论后来逐步扩大到博客和行业会议中，变成了一场运动。它并非全盘否定估算的效果，而是强调持续改进，不断地思考有哪些手段可以协助或者改善敏捷实践中的估算活动，让团队能够更聚焦于交付价值。拒绝估算的实践者会先推动限制可用的估算点数（比如只允许 1 点、2 点和 3 点，甚至只允许 1 点），继而推动团队将故事和任务拆解成更小的可交付的任务。当任务足够小，交付足够快时，就不再需要估算了。他们通过这种方法让团队更关注交付价值而不是浪费精力去做不准确的无意义的估算。——译注

2 Martin Fowler 关于估算的总结恰到好处：“估算本身并无好坏之分……任何关于估算用法的争论，都要遵从于敏捷的原则，即针对特定的上下文，决定该采用什么样的方法。”请参考《估算的目的》一文。——译注

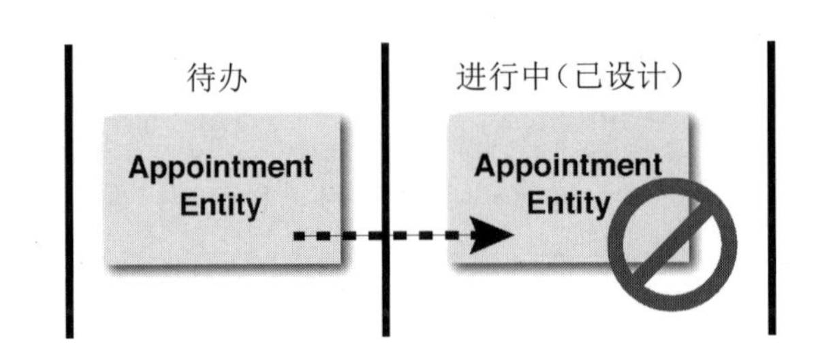

我注意到最近 Scrum 饱受批评。虽然我不持任何立场，但我会公开声明 Scrum 经常被误用，甚至在大部分时间内都被误用。我已经提到过一些团队使用我称之为“任务板挪卡”的方法来进行“设计”的作风。这本来就不是 Scrum 应该在软件项目中的正确使用方式。而且，我再次重申，*知识获取*（*Knowledge Acquisition*）既是 Scrum 的宗旨，也是 DDD 的主要目标之一，但是在 Scrum 的实施中却在很大程度上被牺牲了，用来交换永无止境的交付。即便如此，Scrum 在我们这个行业内仍然会被大量使用，对它很快就会日薄西山的说法我表示怀疑。

因此，我将在这里展示如何在基于 Scrum 运作的项目中运用 DDD。我向你展示的技术应该同样适用于其他敏捷项目方法，比如看板方法。这里没有什么是 Scrum 独有的，尽管一些指南是用 Scrum 术语来表述的。鉴于大多数读者都通过某种形式的实践熟悉了 Scrum，所以大部分指南都是关于领域模型，以及使用 DDD 进行学习、试验和设计的。你需要在别处寻找使用 Scrum、看板方法或其他敏捷方法的概要指南。

在这里我将使用术语*任务*（*Task*）或*任务板*（*Task Board*），这些术语应该与通用敏捷方法甚至是看板方法兼容。在这里我会使用术语*冲刺*，也会尝试使用通用敏捷方法中的*迭代*（*Iteration*）一词，在涉及看板方法时我会使用 *WIP* [1]一词。这些术语并不总是能完美地契合，因为我并不想在这里尝试定义一个实际的流程。我希望你可以从这些想法中受益，并找到一种方式在特定的敏捷实施框架中恰当地应用这些想法。

1 Working in Process 的编写，在制品/进行中的工作，来源于制造业。此处特指在软件研发工作流中的正在进行的开发任务，并通过对其管理来持续优化产品交付流程。——译注

在项目中成功应用 DDD 的最重要的手段之一就是聘请优秀的员工。在这方面，优秀人才和中上水平的开发人员根本无法替代。DDD 是开发软件的先进理念和技术，中上水平的乃至是非常优秀的开发人员才能运用好它。雇用技能匹配和自我激励的合适人选的重要性永远不能低估。

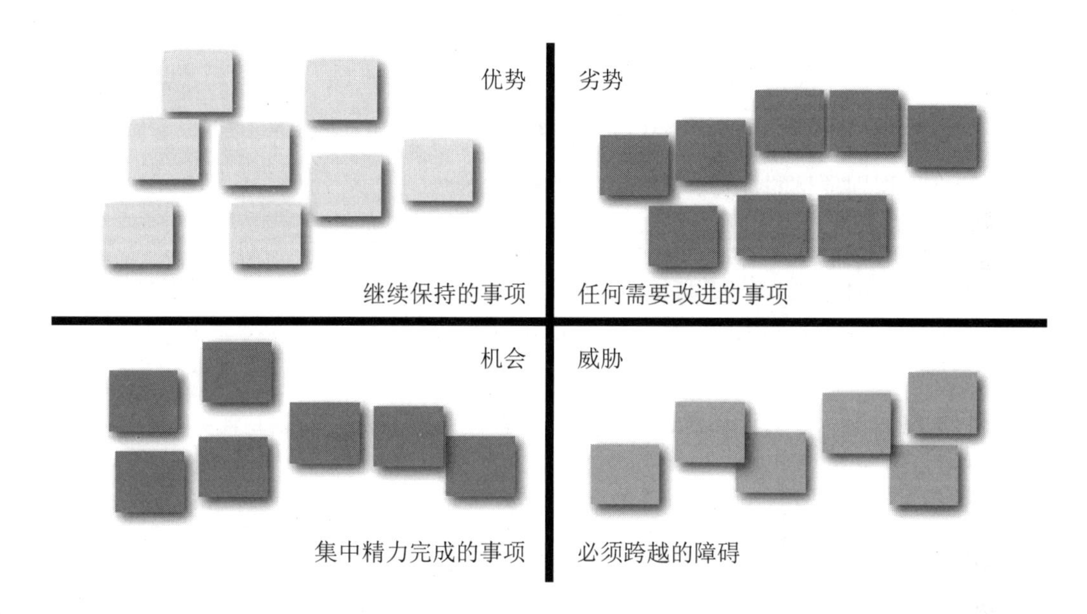

运用 SWOT 分析法

如果你对 SWOT 分析法[SWOT]感到陌生，其实这四个字母分别代表着优势（Strength）、劣势（Weakness）、机会（Opportunity）和威胁（Threat）。SWOT 分析法能让你面面俱到地思考你的项目，并尽可能早地最大化摄取知识。这里列出了你期望在项目中识别出来的知识背后所暗藏的基本理念。

- 优势：领先于对手的业务或项目特征。
- 劣势：落后于对手的业务或项目特征。

- 机会：可以发挥项目优势的要素。
- 威胁：存在于环境中并可能给业务或项目带来问题的因素。

在 Scrum 项目或敏捷项目中，任何时刻都应想到并乐于使用 SWOT 分析法来对项目的形势做出判断：

- 绘制一个巨大的四象限矩阵。
- 还是使用便利贴，为每个 SWOT 象限选择一种不同颜色的便利贴。
- 现在，识别项目的优势、劣势、机会和威胁。
- 在便利贴上写下这些内容，摆放在相应的象限之中。
- 利用项目的这些 SWOT 特征（这里我们主要考虑模型）来计划接下来要做的相关事项。在接下来的步骤中，将采取扬长避短的行动，这些行动才是成功的关键。

稍后我们将讨论，在制订项目计划时，你会有机会把这些行动放到任务板上。

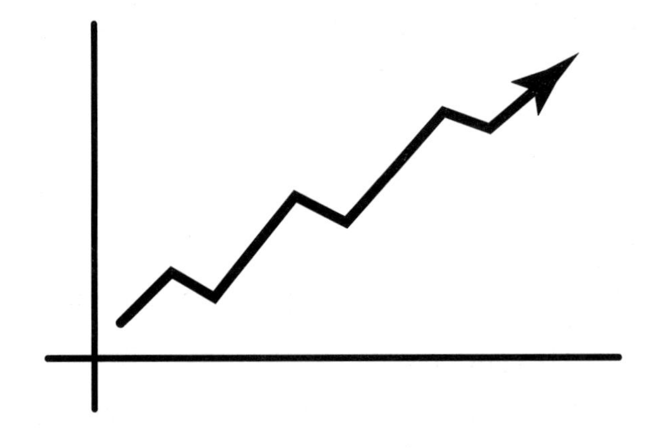

建模 Spike 和建模债务

看到 DDD 项目中出现建模 Spike[1]，甚至还有建模债务[2]要偿还，你是不是有些惊讶？

项目启动阶段[3]最好的选择之一就是事件风暴。它与其他相关的建模试验将共同形成一次建模 Spike。你必须“购买”关于 Scrum 产品的知识，有时“支付方式”就是建模 Spike，项目启动阶段几乎都需要 Spike。不过，我已经展示了使用事件风暴可以大大降低必要的投资成本。

毫无疑问，即便将有价值的建模 Spike 视为项目的启动，也别指望一开始就可以完美地建立领域模型。甚至使用事件风暴之后，建模也不会那么完美。首先，业务和我们对它的理解会随着时间而改变，领域模型也会随之变化。

此外，如果打算将建模工作当作任务，在任务板上管理它，并限定其完成时间，则可能会在每个冲刺（或迭代，或 WIP）中产生一些建模债务。当有时间限制时，根本没有足够的时间去尽善尽美地完成所有想要的建模任务。首先，将从设计开始，并在试验后意识到这些设计既不符合业务需求也不符合自己的预期。然而，却迫于时间限制的压力停下未完成的设计继续其他任务。

---

1 Spike 一词来源于极限编程（Extreme Programming），它通过一系列的探索活动获取必要的知识，以降低技术方法的风险、更好地理解业务需求或提高用户故事估算的可靠性。这些探索活动包括研究、设计、调查和原型等。——译注

2 Modeling Debt，建模债务是类比技术债务（Technical Debt）的提法。技术债务是编程及软件工程中的一个比喻，指开发人员为了加速软件开发采取的短视而非最佳的方案，虽然眼前看起来可以得到好处，但必须在未来偿还。作者认为建模也是这样的，会因为时间压力而妥协并产生债务，而这些债务需要记录下来并及时偿还。更多关于技术债务的内容请参考《“鱼变慢”还是“技术债”：适合国人口味的比喻》一文。——译注

3 项目启动阶段是指在产品或项目启动初期，业务和技术人员通过高密度、深度协作互动的一系列工作坊，对项目范围、技术实现以及需求优先级达成初步一致的理解的过程，以便于快速进入后期项目交付。它也是一个将想法（Idea）变为计划（Plan）的过程。我们也希望读者可以将事件风暴引入这个过程中，以一种快速的设计技术，让领域专家和开发人员都可以参与到这个快节奏的学习过程中。——译注

现在，最糟糕的事情就是把建模工作中学到的所有东西抛诸脑后，而这些建模工作需要不同的改进过的设计。相反，应该记录下来这些工作需要进入稍后的冲刺（或迭代，或WIP）。这可以在回顾会议[1]上提出来并进行讨论，然后作为新任务提交到下一次冲刺计划会议（或迭代计划会议，或添加到看板队列）。

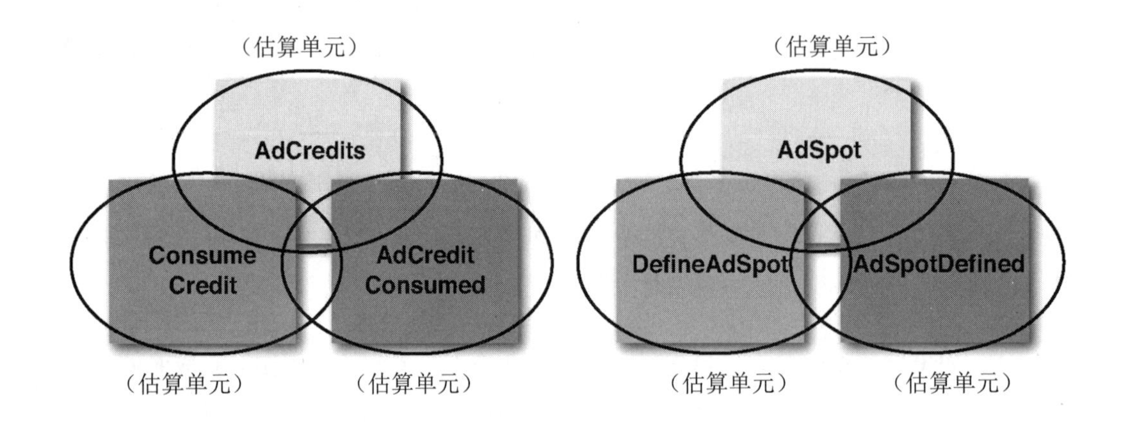

任务识别与工作量估算

事件风暴可以在任何时间使用，并不会被局限在项目启动阶段中。在事件风暴中的工作会自然而然地创造出大量产出物。在纸面模型中创造出的每个领域事件、命令和聚合，都可以当作估算单元。该如何做呢？

组 件 类 型	简单（小时）	适中（小时）	复杂（小时）
领域事件	0.1	0.2	0.3
命令	0.1	0.2	0.3
聚合	1	2	4
……	……	……	……

1 实际上当使用看板方法时，每天都可以进行回顾，所以请及时提出改进模型的建议。

最简单和最准确的估算方式之一是，使用基于度量指标的方法。正如在这里所看到的，创建一张包含估算单元的简单表格，每种需要实现的组件类型都对应着一个估算单元。这将去除估算中的猜测部分，并为工作量估算的过程提供科学依据。以下是该表格的工作原理。

1. 第一列代表组件类型（*Component Type*），描述了特定的组件种类，每个种类都定义了估算单元。
2. 其他三列分别代表简单（*Easy*）、适中（*Moderate*）和复杂（*Complex*）。这些列将代表特定单元类型的估算单元，表示为以小时为单位的整数或分数。
3. 现在为架构中出现的每一种组件类型添加一行。这里只展示了领域事件、命令和聚合这几种类型。但是，不要局限于这些类型。各种用户界面组件、服务、持久化操作、领域事件的序列化器和反序列化器等都可以添加一行。源代码中创建的每种特殊的产出物类型都可以添加一行（例如，如果通常在一个复合步骤里创建领域事件以及它的序列化器和反序列化器，在每一列中给这些领域事件分配的估算值要能体现出所有这些组件是一起创建的）。
4. 现在，填入每一种复杂级别（简单、适中和复杂）所需要的小时数（整数或者分数）。这些估算不仅包括实现所需的时间，还要包括进一步的设计和测试的工作量。这些数字要做到既精确又真实。
5. 当你知道接下来要处理的待办项任务（WIP）时，找到每项任务对应的指标并明确地识别出来。这里电子表格可以派上用场。
6. 将当前冲刺（迭代或 WIP）中所有组件的估算单元相加，就能得到总的估算。

当执行每个冲刺（迭代或 WIP）时，根据实际完成需要的小时数（整数或分数）来调整这些指标。

如果正在使用 Scrum 而且已经厌倦了以小时为单位的估算，请理解这种方法会更加宽容，也更加精确。[1] 在找到节奏之后，会调整估算度量指标，使其更加准确，更加符合实际。这可能需要几个冲刺来找感觉。还需要意识到，随着时间的推移和经验的增长，可能要调低估算的数字或者更多地使用简单或适中这两列。

如果正在使用看板方法，并且认为估算完全不可靠也没有必要，那么请问自己一个问题：怎样才能先确定精确的 WIP 来正确地限制我们的工作队列？不管你怎么想，你仍然在估算涉及的工作量，并寄希望于它是正确的。为什么不让流程变得更科学一点，使用这种简单而准确的估算方法呢？

关于精度的说明

这种方法是有效的。在一个大型公司计划中，该组织要求对整个计划中的一个大型复杂项目进行估算。这个任务被分配给了两个团队。第一个团队由费用昂贵的顾问组成，他们有着与财富 500 强公司合作的估算和项目管理经验。这个团队里都是会计师和博士，还拥有能带来优势的震撼配置。第二个团队则是架构师和开发人员，他们使用这种基于度量指标的评估流程。该项目的规模在 2000 万美元左右，最终两个团队做出的估算结果只相差约 20 万美元（技术团队的估算略低）。技术人员做得还不赖。

---

1 相信大部分读者，特别是拥有敏捷（包括 Scrum）软件开发方法实践经验的读者，更熟悉的是使用故事点数来做估算，而不是这里的小时数。要准确地做出对完成故事所需小时数的估算是很困难的，因为影响这个数字的因素实在太多，未知的风险、模棱两可的需求和开发者的经验都会对其产生影响。而故事点数反映的是故事的复杂度。这里作者提出的这种方法也许能在他经历的一些案例中奏效。作者也在他的 Twitter 中提到，这种方法实际上是#NoEstimates 中定义的“预测”（Forecast）而不是“估算”（Estimate），是“基于参考数据的分析结果对未来事件做出的预判和计算”。“预测”也好“估算”也罢，每一种估算方法都有它使用的场景。读者应该根据自己希望借助估算达成的目标和项目的实际情况选择适合自己的估算方式并持续改进。但是，作者这里对完成每个任务的真实时间的持续记录是非常值得推荐的实践。即便要做出估算，基于过往真实数据的推测总要好过拍脑袋。——译注

长期项目的估算精度可以被控制在 20% 以内，而对于短期项目（例如冲刺、迭代和 WIP 队列）而言，估算精度要更高。

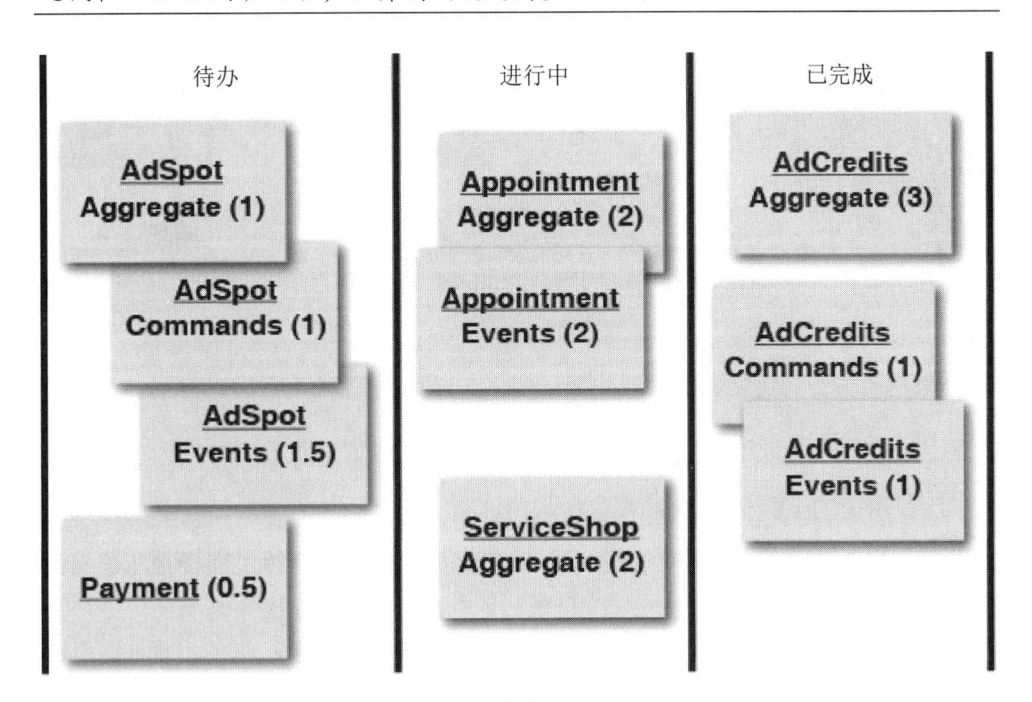

限制建模时间

现在已经得到了每种组件类型的估算，可以直接将任务建立在这些组件之上。可以选择将每个花费数小时的组件直接保留为单个任务，也可以选择将这些任务进一步分解。但是，我建议分解任务时要小心，别把任务分解得太细，以免任务板变得过于复杂。如前所述，甚至可以将单个聚合使用的所有命令和领域事件合并为一个任务。

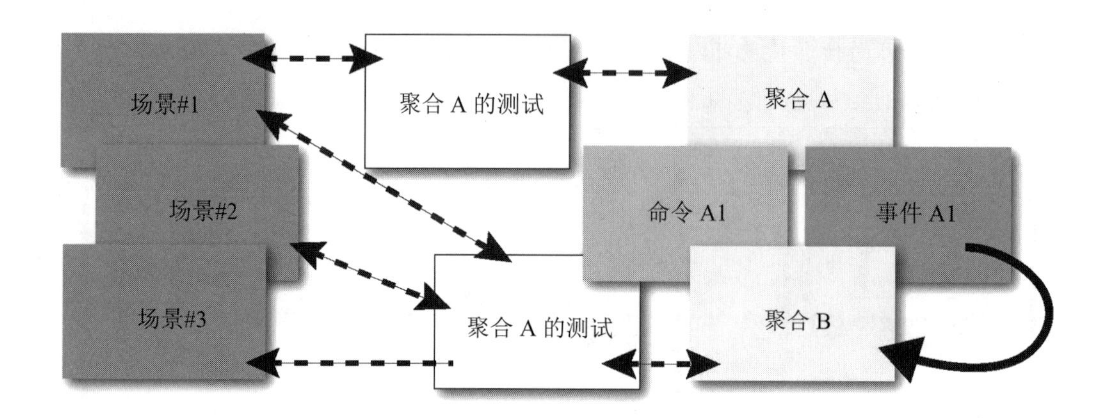

如何实施

即使有了在事件风暴中识别的产出物，也不一定掌握了完成关于特定领域场景、故事和用例的工作所需的全部知识。如果需要更多知识，请确保在估算中包含了更深入的知识获取所需的时间。时间怎么安排？回忆一下，在第 2 章中，我介绍了围绕领域模型创建具体场景的方法。除了通过事件风暴获得知识，这可能是获取核心域知识的最佳途径之一。具体场景和事件风暴这两种工具应该一起使用。下面是具体的方法。

- 开展一次快速的事件风暴讨论，可能只需要 1 小时左右。你几乎肯定会发现，你需要围绕着快速建模的发现来发展更多的具体场景。
- 和领域专家一起讨论一个或多个需要完善的具体场景。这将识别软件模型的使用方式。再次强调，这不仅是流程描述，而且还应该以识别真实的领域模型元素（例如对象）、元素协作方式，以及用户交互方式为目标来进行陈述（需要时请参阅第 2 章）。
- 创建一组验收测试（或可执行的需求说明）来验证每个场景（需要时请参阅第 2 章）。
- 创建让这些测试/需求可以执行的组件。持续（短平快的）迭代来优化测试/需求说明和组件，直到达到领域专家的期望。

- 很可能某些（短平快的）迭代会激发你对其他场景的思考，创建额外的测试/需求，完善现有组件并创建新组件。

持续下去直到获得能满足限定业务目标所需的全部知识，或抵达了时间盒的期限。如果还没有达到预期的目标，一定要记录下这些建模债务，这样可以在将来（越快越好）解决这个问题。

然而需要占用多少领域专家的时间呢？

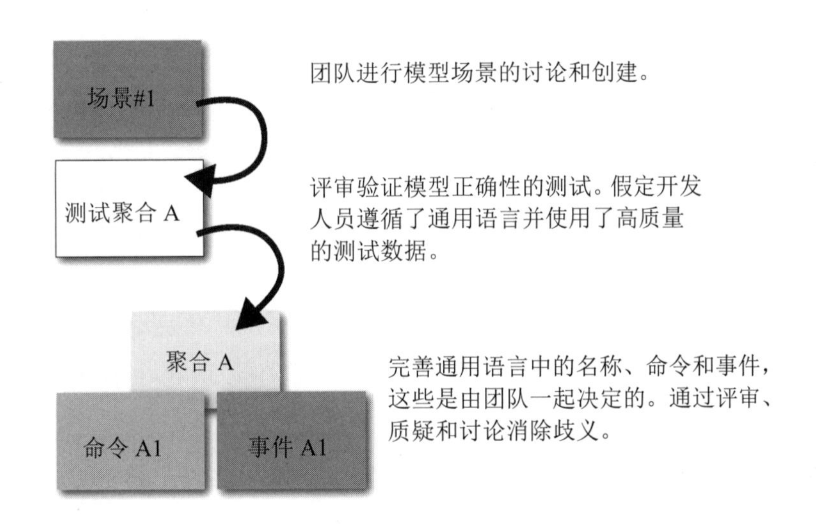

和领域专家打交道

运用 DDD 的主要挑战之一是，合理地协调领域专家的时间。很多时候，项目中的领域专家还承担着大量其他工作，他们要参加大大小小的会议，还有可能出差。他们缺席建模活动的可能性很大，因此很难协调出足够的时间和他们交流。所以，我们最好合理控制时间，将其限制在必要的范围内。除非能让建模讨论有趣又高效，否则很可能因为时间安排错误而失去他们的支持。如果他们觉得这些讨论有价值、有启发、有回报，那么你很可能会和他们建立起所需要的强有力的伙伴关系。

所以，首先要回答的几个问题是："我们什么时候需要领域专家？他们需要帮助我们完成哪些任务？"

- 一定要邀请领域专家参加事件风暴活动。开发人员总是会遇到很多问题，而领域专家有他们想要的答案。确保他们共同参与事件风暴讨论。
- 在讨论和创建模型场景时需要领域专家的意见。请参考第 2 章中的示例。
- 需要领域专家来评审验证模型正确性的测试。假定开发人员已经尽职尽责地遵循了通用语言，并使用了高质量的真实的测试数据。
- 需要领域专家来完善通用语言以及聚合名称、命令和领域事件，这些都应该由团队一起决定。通过评审、质疑和讨论来消除歧义。即便如此，事件风暴讨论应该已经解决了关于通用语言的大部分问题。

现在已经知道了需要从领域专家那里得到的东西，那么这些工作需要占用他们多少时间呢？

- 每次事件风暴讨论应限制在几个小时（两三个小时）以内。你可以连续几天都进行讨论，比如三天或四天。
- 别用大块的时间讨论和细化场景，但尽量最大化利用每个场景的讨论时间。大概 10~20 分钟的时间，就能够完成一个场景的讨论和迭代。
- 需要一些时间和领域专家一起评审自己写的测试，但是别指望他们坐下来看着你写代码。也许他们会这样做，这是惊喜，但别抱任何幻想。模型越精确，检查和验证花费的时间就越少。不要低估领域专家阅读测试的能力。在你的帮助下，他们能做到这一点，特别是当使用真实测试数据时。测试应该让领域专家在一两分钟之内理解并验证。
- 在测试评审过程中，领域专家可以就聚合、命令和领域事件以及其他可能的产出物遵循通用语言的方式提出意见。这可以在短时间内完成。

上面这份指南应该可以帮助你和领域专家协调恰当的时间，并把他们需要被占用的时间限制在合理范围内。

本章小结

总结一下，本章你学习到了：

- 关于事件风暴的内容，如何使用它，以及如何与团队一起进行讨论，所有一切都是为了加速建模。
- 可以与事件风暴一起使用的其他工具的相关内容。
- 如何在项目中使用 DDD，以及如何管理估算和与领域专家协作的时间。

有关在项目中实施 DDD 的详尽参考资料，请参考《实现领域驱动设计》[IDDD]一书。

参考文献

[BDD] North, Dan. “Behavior-Driven Development.” 2006.

[Causal] Lloyd, Wyatt, Michael J. Freedman, Michael Kaminsky, and David G. Andersen. “Don’t Settle for Eventual Consistency: Stronger Properties for Low-Latency Geo-replicated Storage.”

[DDD] Evans, Eric. *Domain-Driven Design: Tackling Complexity in the Heart of Software.* Boston: Addison-Wesley, 2004.[1]

[Essential Scrum] Rubin, Kenneth S. *Essential Scrum: A Practical Guide to the Most Popular Agile Process.* Boston: Addison-Wesley, 2012.[2]

[IDDD] Vernon, Vaughn. *Implementing Domain-Driven Design.*Boston: Addison-Wesley, 2013.[3]

[Impact Mapping] Adzic, Gojko. *Impact Mapping: Making a Big Impact with Software Products and Projects.* Provoking Thoughts, 2012. [4]

---

1 《领域驱动设计：软件核心复杂性应对之道》，赵俐、盛海燕、刘霞等，译，人民邮电出版社，2016年。

2 《Scrum 精髓：敏捷转型指南》，姜信宝、米全喜、左洪斌，译，清华大学出版社，2014 年。

3 《实现领域驱动设计》，滕云，译，电子工业出版社，2014 年。

4 《影响地图：让你的软件产生真正的影响力》，何勉、李忠利，译，图灵电子书，2014 年。

[Microservices] Newman, Sam. *Building Microservices.* Sebastopol, CA: O'Reilly Media, 2015.[1]

[Reactive] Vernon, Vaughn. *Reactive Messaging Patterns with the Actor Model: Applications and Integration in Scala and Akka.* Boston: Addison-Wesley, 2015.[2]

[RiP] Webber, Jim, Savas Parastatidis, and Ian Robinson. *REST in Practice: Hypermedia and Systems Architecture.* Sebastopol, CA: O'Reilly Media, 2010[3].

[Specification] Adzic, Gojko. *Specification by Example: How Successful Teams Deliver the Right Software.* Manning Publications, 2011[4].

[SRP] Wikipedia. "Single Responsibility Principle."

[SWOT] Wikipedia. "SWOT Analysis."

[User Story Mapping] Patton, Jeff. *User Story Mapping: Discover the Whole Story, Build the Right Product.* Sebastopol, CA: O'Reilly Media, 2014.[5]

[WSJ] Andreessen, Marc. "Why Software Is Eating the World." *Wall Street Journal*, August 20, 2011.

[Ziobrando] Brandolini, Alberto. "Introducing EventStorming."

---

1 《微服务设计》，崔力强、张骏，译，人民邮电出版社，2016 年。

2 《响应式架构：消息模式 Actor 实现与 Scala、Akka 应用集成》，苏宝龙，译，电子工业出版社，2016 年。

3 《REST 实战：超媒体和系统架构》，李锟、俞黎敏、马钧、崔毅，译，东南大学出版社，2011 年。

4 《实例化需求：团队如何交付正确的软件》，张昌贵、张博超、石永超，译，人民邮电出版社，2012 年。

5 《用户故事地图》，李涛、向振东，译，清华大学出版社，2016 年。